생태계와
환경오염

NIE Eco Guide 02

생태계와
환경오염

발행일 2016년 3월 28일 초판 1쇄, 2017년 4월 10일 2쇄 발행

지은이 박정수
발행인 이희철
편집책임 김웅식 | **편집** 이규, 유연봉
편집진행·디자인 GeoBook | **사진** 김석구, 김연수, 박정수, 연합뉴스, CSIRO, NOAA, Shutterstock
발행처 국립생태원 출판부 / **신고번호** 제458-2015-000002호(2015년 7월 17일)
주소 충남 서천군 마서면 금강로 1210 / www.nie.re.kr
문의 Tel. 041-950-5998 / press@nie.re.kr

ISBN 979-11-86197-53-0 94400
ISBN 979-11-86197-51-6(세트)

- 국립생태원 출판부 발행 도서는 기본적으로 「국어기본법」에 따른 국립국어원 어문 규범을 준수합니다.
- 동식물 이름 중 표준국어대사전에 등재된 경우 해당 표기를 따랐으며, 우리말 표기가 정립되지 않은 해외 동식물명과 전문용어 등은 국립생태원 자체 기준에 의해 표기하였습니다.
- 고유어와 '과(科)'가 합성된 동식물 과명(科名)은 사이시옷을 불용하는 국립생태원 원칙에 따라 표기하였습니다.
- 두 개 이상의 단어로 구성된 전문용어는 표준국어대사전에 합성어로 등재된 경우에 한하여 붙여쓰기를 하였습니다.

- 이 책에 실린 글과 그림의 전부 또는 일부를 재사용하려면 반드시 저작권자와 국립생태원의 동의를 받아야 합니다.

Ecosystem and Environmental Pollution

생태계와
환경오염

박정수 지음

 국립생태원
NIE PRESS

생태, 알면 사랑한다

국립생태원은 사람과 자연이 조화롭게 살아갈 수 있는 환경을 만들기 위해 생태에 대한 연구와 교육, 전시 기능을 담당하고 있는 국가 기관입니다. 더불어 이런 일들이 국민들의 삶과 얼마나 밀접한 관계가 있는지, 얼마나 중요한 것인지를 널리 알리기 위해 노력하고 있습니다. 그 일환으로 영유아에서 성인에 이르는 다양한 대상층을 위한 맞춤형 콘텐츠를 개발하여 보급하는 일을 하고 있습니다.

으레 연구기관에서 생산하는 콘텐츠라 하면, 어려운 용어와 복잡한 데이터를 먼저 떠올리는 경우가 많습니다. 비록 해당 분야에서는 매우 의미 있는 연구 결과물일지라도 일반 국민이 그 내용을 온전히 이해하기란 결코 쉬운 일이 아닐 것입니다. 그러나 우리는 이미 다양한 분야의 연구자들이 대중적인 언어로 쉽게 풀어 쓴 전문 서적들을 베스트셀러 목록에서 심심치 않게 찾아볼 수 있습니다. 국민들에게 꼭 필요한 정보를 그들의 눈높이에 맞는 언어로 쉽게 표현하는 작업은 연구자가 늘 관심을 가져야 할 중요한 미덕입니다.

NIE Eco Guide 시리즈는 생태와 관련된 핵심 주제들을 누구나 쉽게 이해할 수 있도록 꾸민 일반인 대상의 생태교양총서입니다. 많은 사람들이 어렵고 복잡하게만 여겼던 생태와 환경을 좀 더 친근하게 느끼고 쉽게 이해하기를 바라는 마음으로 이 시리즈를 펴냅니다.

NIE Eco Guide 시리즈는 국립생태원이 수행하고 있는 연구와 정책 제안들이 왜 필요한지 자연스럽게 알 수 있는 좋은 기회가 될 것입니다. 여러분! 우리가 모르는 것을 사랑할 수 있을까요? 인간은 서로에 대해 속속들이 알고 나면 결국 사랑할 수밖에 없는 착한 심성을 타고난 동물입니다. 그래서 NIE Eco Guide 시리즈 이름 앞에 '알면 사랑한다'라는 말을 덧붙여 놓았습니다. 생태계를 구성하고 있는 모든 것들은 알면 알수록 사랑할 수밖에 없는 매력적인 친구들입니다. 이 책과 더불어 여러분도 새로운 사랑을 시작하길 희망합니다.

국립생태원 출판부

아름다운 자연의 영원을 소망하며

생태학이라는 학문에 발을 들인 지 올해로 10년이 된다. 주위의 선배 연구자들에 비하면 부끄러운 경력이지만, 지도 교수님과 여러분들의 도움으로 그동안 이곳저곳을 다니며 소중한 경험을 했다. 지의류가 풀처럼 자라고 있는 남극, 짧은 여름철 아름다운 꽃으로 뒤덮이는 북극 툰드라, 그리고 사막화가 진행되고 있는 내몽골 지역을 다니며 하찮은 인간의 존재와 자연의 위대함을 경험했다.

  국립생태원에 와서는 좋아하는 산을 마음껏 다닐 수 있어서 좋았다. 특히 키 작은 나무들과 아름다운 꽃들이 피어 있는 아고산 지역은 누군가가 잘 가꾸어 놓은 정원 같았다. 때 묻지 않은 위대한 자연 앞에 서면 발을 내딛기가 미안할 때가 있다. 그곳에서 몇백 년을 살아 온 생명이 나의 발길에 죽는 것은 아닐까 하는 생각 때문이다. 그러나 인간과 멀리 떨어진 자연에도 인간의 그림자는 있었다. 남극과 북극의 녹아내리는 빙하, 과도한 방목에 의해 사막으로 변해 가는 초원, 한라산과 지리산의 아고산 지역에서 죽어 가는 침엽수 군락을 마

주하면서 이들이 곧 사라질 것 같은 위기감을 느꼈다.

이 책은 생태계와 환경오염이라는 우리에게 친숙한 주제를 이야기한다. 환경오염, 생태계 각각의 주제만으로도 방대한 내용을 포함하고 있지만, 이 책에서는 환경오염이 어떻게 생태계에 영향을 미치고 있는지, 생태계는 환경오염에 어떻게 반응하는지에 초점을 맞추었다. 그리고 NASA와 NOAA 미국해양대기관리처, National Oceanic and Atmospheric Administration 등에서 제공하는 전 지구적인 환경오염 상황과 우리나라 환경부에서 제공하는 실측 자료를 통해 환경오염을 이야기하려고 노력했다.

인류는 공존의 지혜를 잊고 자연을 정복하는 데에 매진해 온 과정에서 잃어버린 것이 너무도 많다. 당연히 우리 곁에 영원히 있을 것이라 생각했던 맑은 공기와 물, 인간과 함께 살아가던 다양한 생물들이 사라지고 있다. 이는 단순히 윤리적인 차원의 문제가 아니라 인간의 생존까지 위협하는 심각하고 본질적인 문제이다.

생태계가 파괴되면서 우리가 잃은 것이 눈에 보이는 것만은 아닐 것이다. 자연을 벗 삼아 자란 사람과 도시의 빌딩 숲에서 자란 사람의 정신세계는 분명히 다르다. 자연은 인류에게 생물학적 생존을 위한 조건일 뿐만 아니라 정신적 풍요와 안식을 제공하는 터전이기도 하다.

어렸을 때 자연은 나에게 완벽한 놀이터였다. 갯버들 꽃이 피기 시작하는 봄이면 개울에서 도롱뇽과 게아재비를 잡고 늦은 여름에는 반딧불이를 쫓아다니던 기억을 떠올리는 것만으로도 행복과 포근함을 느낄 수 있다. 그런데 2015년에 태어난 나의 아들은 자연이 주는 놀이터에서 이런 친구들과 같이 놀 기회가 없을지도 모르겠다. 우리는 후손들에게 어느 정도의 경제적 풍요를 주었지만, 반복되는 기상이변, 미세먼지, 녹조 현상 등의 환경문제를 동시에 남긴 것이다.

생태계를 파괴하고 오염하여 얻는 경제적 풍요가 얼마나 가치 있는 것일까? 우리 후손에게 오염되지 않은 자연, 다양한 생명이 어울

려 살아가는 생태계를 물려주는 일보다 경제적인 풍요가 더 소중한 것일까? 우리에게는 시간 여유가 충분하지 않다.

  2007년 태안 앞바다에 기름이 유출되었을 때 많은 사람들이 자신의 시간과 노력을 들여 기름때를 제거하기 위해 힘을 모았다. 이런 것을 보면 우리 모두는 환경의 소중함을 이미 알고 있고, 우리 후손에게도 아름다운 자연을 물려주고 싶은 소망을 가지고 있다. 부족하지만 아름다운 자연이 영원히 지속되기를 소망하는 많은 이들이 이 책을 통해 생태계와 환경오염에 대해 조금 더 알 수 있는 계기가 되기를 바란다.

2016년 3월

서천 국립생태원에서 박정수

차례

1. 생태계를 어지럽히는 환경오염

2. 맑은 대기에서 숨 쉴 권리

3. 뒤늦게 깨달은 물의 소중함

4. 환경오염의 또 다른 얼굴, 기후변화

1

생태계를
어지럽히는
환경오염

인류와 환경의 변화된 관계

환경은 '인간을 둘러싸고 서로 영향을 미치는 유형·무형의 모든 것'
이라고 정의할 수 있다. 많은 환경을 이루는 각 요소들은 서로 영향
을 주고받는다. 또한 지구의 자연환경 속에서 생명체로 존재하는 인
간 또한 끊임없이 환경과 영향을 주고받고 있음을 잊어서는 안 된다.

현생인류 즉 호모 사피엔스*Homo sapiens sapiens*가 지구 상에 등장한
것은 약 6만 년 전의 일이다. 그 이후 오늘날까지 생각해 보면, 대부
분의 기간 동안 인류가 환경에 미친 영향은 미미하고 국지적이었다.
하지만 그렇게 미미한 존재이던 인간이 오늘날 생태계* 환경을 급속
도로 어지럽히고 있다.

초기에 수렵·채집 생활을 했던 인류는 자연환경에 순응하는 생활

을 했다. 당시의 인구는 식량 공급과 자연 재해에 직접적으로 영향을 받으며 조절되었다. 초기의 인류에게는 생존을 위해 먹을 수 있는 식물을 구별하고, 동물이 있는 장소를 알아내는 등 환경에 대한 생태적 지식이 삶을 유지하기 위해 필수적인 것이었다. 21세기 첨단 과학 시대를 살아가는 인류가 과거 수렵 생활을 한 인류보다 실생활과 관련된 자연환경에 대한 지식은 부족한지도 모르겠다.

시간이 흐르면서 더욱 정교한 도구를 발명하고 불을 발견한 인류는 자연을 공존의 대상이라기보다는 정복해야 할 대상으로 간주했다. 숲을 태워 없애 농지를 늘렸고, 목축을 시작하면서 과도한 방목으로 목초지를 파괴했다. 그 결과 생태계에는 토양 침식이 일어나면서 회복력을 잃게 되었다.그림 1-1 식량 생산이 늘면서 인구가 증가하고, 도시 문명이 생겨나면서 사람들은 토지와 물에 대한 소유와 권리를 주장하게 되었다. 이전까지 누구의 것도 아니던 땅과 물이, 특정한 사람의 소유가 되어버렸다. 한정된 자원을 서로 차지하기 위해 전쟁이 일어났고, 승리한 소수의 지도자는 자원에 대한 소유권을 행사했다.

18세기 증기기관이 등장하면서 인간은 더 이상 인력이나 가축의 힘에 의지하지 않게 되었다. 과학과 기술이 발전하면서 인간은 더 많은 화석연료를 이용하여 더 무거운 것을 옮기고, 더 멀리 이동할 수 있게 되었다. 농업에서는 화학비료와 농약을 사용해 단위면적당 생산량이 증가하게 되었다. 의학 발달로 사망률이 감소하면서 인구가

그림 1-1. 장마로 인해 유실된 고랭지 배추밭(평창, 2013)

폭발적으로 증가했고, 에너지 사용량이 늘면서 생태계의 회복력에 치명적인 손상을 입혔다.

현대에 들어 지구 환경은 위험에 처했다. 이전에 경험하지 못했던 심각한 환경오염으로 사망자가 발생하고, 결국 인류 전체의 생존까지 위협 받을 수 있는 상황이다. 그러나 과거 수렵·채집 생활을 했던 인간과 마찬가지로 현대 인류도 자연환경과 서로 영향을 주고받는다. 생태계에 일어난 변화는 인간에게까지 부정적인 결과를 줄 수 있다는 사실을 잊어서는 안 된다.

생태계가
무엇인가요?

생태계를 이루는 주요 요소들

우리는 일상생활에서 생태계라는 말을 많이 사용한다. 하지만 이 분야를 전문적으로 공부하지 않은 보통 사람들에게 생태계가 무엇인지 물었을 때 정확하게 대답하는 사람은 거의 없을 것 같다. 흔히 "생태계가 무엇입니까?"라고 물으면 사람들은 "동물과 식물 같은 자연환경이 생태계 아닌가요?"라고 대답한다.

하지만 생태계는 동식물의 세계보다 더 큰 개념이다. 정확하게 말하자면, 생태계는 무생물적abiotic 요소와 생물적biotic 요소로 구성되고, 생태학은 이들의 상호작용을 연구하는 학문이다.

생태계에 무생물적 요소가 포함된다는 사실이 의외라고 느끼는 사람도 많을 것 같다. 하지만 생태계에서 무생물적 요소는 빼놓을 수 없는 중요한 역할을 하며, 무생물적 요소와 생물적 요소의 상호작용으로 생태계가 유지되고 있다. 생태계를 구성하는 요소의 종류와 역할을 알기 위해서는 먼저 생태계의 물질 순환*을 알아야 한다.

지구에서 생태계가 유지되고 생명이 살아갈 수 있는 이유를 한마디로 말하자면, 태양에서 오는 에너지가 있고 생명에 필수적인 무기화합물의 순환이 이루어지기 때문이다. 지구에 존재하는 무기화합물의 양은 고정되어 있다. 이들이 생물권*과 공기, 물, 토양을 통과하며 계속적으로 순환되어야 생태계가 유지될 수 있다.그림 1-2

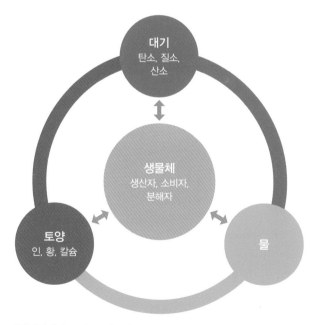

그림 1-2. 생태계의 대기, 토양, 물, 생물체 간의 물질 순환

순환되는 무기화합물 중에서 생물체에 중요한 것은 물, 탄소, 질소, 인, 황 등이다. 이 가운데에서 물의 중요성은 아마 모르는 사람이 없을 것 같다. 물은 분자 사이에 서로 끌어당기는 힘이 있어 지구에 생명이 존재할 수 있도록 하는 독특한 특성을 가진다. 물로 덮여 있는 지구는 달에 비해 밤과 낮의 온도 차이가 적고, 식물이 양분과 물을 흡수하여 살아갈 수 있게 된다.

얼마 전 화성에 물의 흔적이 있다는 뉴스가 크게 보도된 적이 있다. 외계 행성에서 생명체를 찾을 때 물의 존재를 확인하는 이유도 물이 가지는 독특한 특성 때문이다.

물은 중력에 의해 끊임없이 바다로 또는 땅속으로 흘러간다. 하지만 태양에너지에 의해 수증기로 변하고 육지의 생명체에게 비의 형태로 돌아온다. 물의 순환이 멈추면 모든 육지는 사막처럼 변할 것이고, 결국 지구의 생산량은 크게 감소할 것이다.

물을 제외한 무기화합물은 지구의 곳곳에 존재하지만, 주로 대기와 토양에 머무르고 있다. 대기에서 중요한 원소는 탄소와 질소를 들 수 있다. 탄소는 생물체를 구성하는 가장 기본적인 물질이다.

기체 상태로 존재하던 탄소는 식물 광합성 작용을 통해 식물의 몸속에 들어온다. 즉 생물권으로 들어오는 것이다. 여기부터 탄소는 유기화합물의 형태로 존재한다. 동물은 식물이 만들어낸 양분을 이용해 살아가고, 동식물이 죽으면 분해자의 도움으로 그들의 몸속에 있던 탄소가 대기 속으로 다시 돌아간다.

질소는 단백질의 구성 성분으로 대기 중 78%를 차지하고 있다. 대기 중의 질소는 식물이나 동물이 직접 사용할 수 없다. 동식물이 질소를 이용하려면 주로 토양미생물의 도움을 받아야 한다. 질소고정 박테리아콩과 식물과 공생하는 뿌리혹박테리아 등에 의해 공기 속의 질소는 생물체가 이용할 수 있는 질소화합물로 바뀐다.그림 1-3 동식물이 죽으면 질소화합물은 분해자에 의해 암모늄이온 형태로 분해되고, 다른 토양미생물에 의해 기체 형태로 변해 대기로 돌아간다.

질소는 생태계에서 결핍되기 쉬운 영양소이다. 생태계마다 토양에

그림 1-3. 박테리아와의 공생에 의해 만들어진 콩과 식물의 뿌리혹

있는 질소의 양에는 큰 차이가 있다. 활엽수림에는 유기 질소가 비교적 많기 때문에 식물이 이를 활발히 이용할 수 있는 반면, 사막 지역에 있는 질소는 약 70%가 기체인 암모니아 형태로 변해 대기 중으로 사라져 식물이 사용할 수 없다. 질소는 식물의 광합성에 필수적인 요소이다. 식물이 이용할 수 있는 형태의 질소가 토양에 얼마나 존재하는가에 따라 농업 생산량이 달라진다.

토양에 저장되어 있는 또 다른 대표적 무기화합물이 인이다. 인은 생물체에서 유전물질DNA, RNA, 세포막, 뼈 등을 구성한다. 무기 인은 인산 형태로 광물질 속에 존재하며 기체 상태로 변화되지 않는다. 인산은 물에 녹아 식물에 흡수되어 유기화합물로 변하고 동물의 먹이가 된다. 이후 인은 동물의 배설물로 배출되거나, 동식물이 죽은 후 분해되어 다시 토양으로 돌아온다. 인 또한 식물체에 결핍되기 쉬운 원소이다. 토양 안에 있는 인의 함량 역시 식물의 생장을 결정하는 중요 요인이 된다.

이처럼 지구의 다양한 무기화합물은 생물권을 통과하며 끊임없이 순환한다. 몸속에서 피가 막힘 없이 순환을 해야 건강하고, 시장에서는 돈이 원활히 순환해야 경제가 살아난다. 마찬가지로 생태계에서도 물질의 순환이 문제 없이 이루어져야 건강한 생태계가 지속될 수 있다.

에너지의 무질서를 높이는 환경오염

일상생활에서 에너지란 말은 다양한 의미로 쓰인다. 밥을 먹은 지 오래되어 에너지가 떨어졌다고 말하기도 하고, 원유 가격이 올랐으니 에너지를 아끼자는 말도 한다. 석유나 가스, 석탄 등을 화석 에너지라고 부르기도 한다.

과학에서 말하는 에너지는 '일을 할 수 있는 능력'이다. 우리는 집을 따뜻하게 하고, 음식을 만들고, 물건을 옮길 때 에너지를 사용한다. 한 명의 사람이 하루에 사용하는 직·간접 에너지량을 기준으로 볼 때, 현대 산업사회의 인간은 과거 수렵·채집 사회 때의 인간보다 25배가 넘는 에너지를 사용한다고 한다.그림 1-4

생태계를 지탱하는 가장 중요한 에너지원은 바로 태양이다. 태양

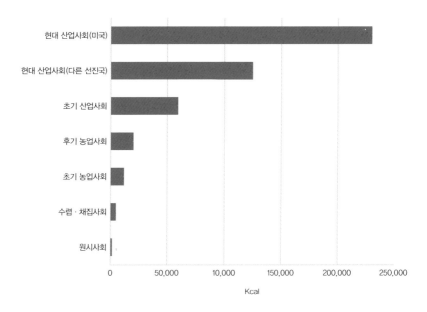

그림 1-4. 인류 역사에서 1인당 하루 에너지 사용량(Tyler, 2001)

에너지는 지구 생태계에서 일어나는 물질 순환의 원동력이며, 기후
와 날씨를 조절한다. 앞에서 보았던 생물의 각 영양 단계*에서 일어
나는 에너지 흐름도 대부분 태양에서 비롯된다.

우주에 있는 태양에서 지구로 오는 전체 빛 에너지 중 광합성을 통
해 지구상의 생물이 사용하는 에너지는 1%도 안 된다. 하지만 그 에
너지만으로도 지구 위에는 울창한 숲과 초원이 유지된다. 단위 면적
당 생물의 건중량 또는 생중량을 생물량biomass 이라고 하는데, 지구
의 생물량은 약 1,800억 톤에 이른다.

그럼 우리는 이 에너지를 무한히 사용할 수 있을까? 여기에서 열역학제1법칙을 생각해 보자. 열역학제1법칙은 에너지 보존의 법칙이라고도 불리며, '닫혀 있는 하나의 계 system 에서 에너지는 모양을 바꿀 수는 있지만 스스로 발생하거나 소멸되지 않는다.'라는 것이다. 아무리 과학이 발전한다 해도 닫혀 있는 계에 존재하는 인간이 에너지를 창조할 수는 없다.

한여름에 내리쬐는 뜨거운 태양을 경험해 본 사람이라면, 지구에 에너지가 충분하다고 생각할지도 모른다. 하지만 과거에도 현재에도, 우리 인간은 한정된 에너지 자원을 놓고 다툼을 벌이고 있다.

에너지가 부족한 이유는, 무질서 entropy 가 증가하는 방향으로 에너지가 이동하기 때문이다. 이것이 바로 열역학제2법칙이다. 한정된 에너지에서 무질서가 증가한다는 것은, 유용한 일을 할 수 있는 에너지가 감소하고 에너지의 질이 떨어진다는 사실을 의미한다.

한여름의 태양에너지는 식물의 광합성을 통해 화학에너지로 변하는데, 이때 대부분의 에너지는 열로 방출되어 우리가 사용할 수 없다. 초식동물은 식물을 먹은 후 식물이 가지고 있는 화학에너지에서 약 10%만 사용하고 나머지는 다시 사용할 수 없는 열로 방출한다. 영양단계를 거듭할수록 태양에서 오는 순수한 에너지의 극히 일부분만 유용한 에너지로 활용한다. 자연환경 즉 생태계에서 에너지의 전환이 일어날 때마다 상당량의 에너지는 사용 불가능한 형태가 된다. 사용 불가능한 이런 에너지를 바로 '환경오염'이라고 할 수 있다. 에너지 질의 측면에서 볼 때 대기오염*, 수질오염*, 폐기물 발생은 무질서의 증가를 의미한다.

산업사회에 접어들면서 인간은 과거에 비해 엄청난 에너지를 매일 사용하고 있다. 자동차를 타고, 텔레비전을 보고, 따뜻한 물로 샤워를 하는 일상의 삶은, 에너지 면에서 보자면 환경 속에 존재하는 유용한 에너지를 소비하여 무질서를 증가시키는 일들이다.

생태계의 순 일차 생산량net primary productivity은 모든 생물들을 먹여 살릴 수 있는 부양 능력을 의미한다. 이 순 일차 생산량은 생태계 유형에 따라 극명하게 차이가 난다.그림 1-5 연중 기온이 높고 강수량이 많은 열대우림은 많은 생물을 먹여 살릴 수 있어서 생산성이 높고, 강수량이 적은 사막이나 기온이 낮은 툰드라 지역은 생산성이 매우 낮다. 해양의 경우 육지로부터 지속적으로 양분이 공급되며 수심이 얕은 산호초 지역이나 대륙붕은 생산성이 높고, 반면 원양 지역은 생산성이 낮다. 그럼 우리 먹거리를 생산하는 경작지는 어떨까? 비료와 농약을 뿌리며 생산성을 높이기 위해 노력하지만 다른 생태계에 비해 생산성이 그리 높지 않다. 노를 저어 흐르는 물을 거슬러 올라가는 것처럼 많은 에너지를 소비하지만 효율은 낮은 것이다.

그러면 생산성이 높은 열대림을 벌채하고 경작지를 만들어 식량 생산량을 높일 수 있을까? 열대림은 대부분의 영양소가 토양보다는

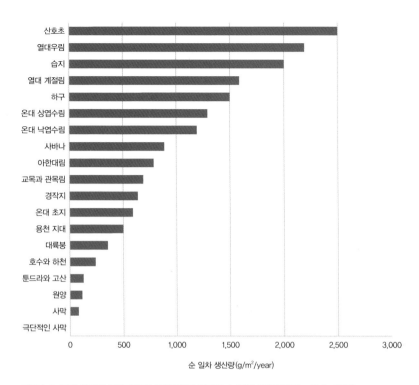

그림 1-5. 주요 생태계 유형에 따른 단위면적당 연평균 순 일차 생산량(Stiling P.D., 1996)

식물에 저장되어 있다. 따라서 식물이 사라지면 토양이 비에 쓸려 내
려가 영양소의 회복이 어려워진다. 생태계의 균형을 위해서 열대림
을 보호해야 하는 이유가 여기에도 있다.

생태학에서 말하는 환경오염

환경오염이 무엇을 의미하는지 모르는 사람은 아마 없을 것이다. 초
등학생도 환경오염을 막아야 한다고 이야기하고 있으며, 지구온난화
나 대기 또는 수질의 오염을 걱정하는 목소리도 점차 높아가고 있다.

생태학에서 말하는 환경오염이란 '자연 상태의 공기, 물, 토양의
특성이 바람직하지 않은 상태로 변하여 생물체의 건강과 생존 또는
활동에 해로운 영향을 주는 상태'라고 할 수 있다. 다시 에너지의 측
면에서 살펴본다면, 환경오염은 유용한 에너지를 과도하게 사용해
무질서가 증가하는 것이라고 할 수 있다.

한편 물질 순환의 측면에서 본다면 환경오염은 물질 순환이 원활
하게 이루어지지 않는 것이다. 생태계의 일부분인 인간은 환경과 영

향을 주고받을 수밖에 없다. 환경이 오염되면 인간의 활동과 생존이 제약을 받는다.

　대부분의 환경오염은 오염 물질 발생이 집중되는 인구 밀집 지역이나 산업 지역에서 빈번하게 일어난다. 오염 물질의 특성에 따라 대기나 물을 통해 오염 물질이 다른 지역으로 이동해 지역 간 또는 국가 간의 분쟁을 일으키기도 한다. 예를 들어 낙동강 페놀 유출로 낙동강 하류에 사는 사람들이 고통을 받은 적도 있었고, 중국에서 발생한 대기오염 물질과 미세먼지˚가 우리나라로 날아와 생활에 큰 불편을 주기도 한다.

　오염 물질은 종류에 따라 생태계에 미치는 영향이 다양하고 복잡

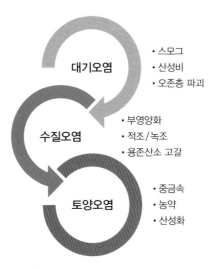

그림 1-6. 주요 환경오염의 종류

하다. 아주 작은 양만으로도 생물체에 치명적인 영향을 주는 물질이 있고, 특정 한계 수준 이상의 농도에서 유해한 영향을 주는 물질도 있다. 혹은 배출된 오염 물질 자체가 치명적일 수도 있고 어떤 물질이 환경 속에 있는 다른 물질과 반응하여 치명적인 물질이 될 수도 있다.

생명체의 종류와 성장 단계에 따라 오염 물질의 영향이 달라지기도 한다. 살충제의 하나인 DDT dichloro-diphenyl-trichloroethane 가 가지는 유해성에 무지했던 사람들은, 식량 생산량을 감소시키고 질병을 전파하는 해충을 박멸하기 위해 토양과 인체에 무분별하게 DDT를 뿌렸다. DDT를 발견한 당사자는 그 공을 인정받아 노벨상을 받기도 했다. 그러나 몇 년 후 DDT가 체내에 축적되어 치명적인 손상을 입힌다는 사실이 뒤늦게 알려지면서 이 약품의 사용은 금지되었다. 깨끗한 수돗물을 만들기 위해 사용하는 차아염소산나트륨 염소계 소독제 의 염소 성분이 낙엽이 분해되면서 나오는 부식산과 만나면 치명적 발암물질인 THM trihalomethane 을 만들어 낸다. 똑같은 물질이 조건에 따라 약도 독도 될 수 있다는 사실은 널리 알려져 있다. 현재 인간이 만들어낸 유전자 변형 유기체 즉 LMO living genetically modified organism 의 사용을 규제하는 것도, 인간이 만들어낸 합성물이 생태계나 인간에게 어떠한 영향을 미칠지 예상할 수 없기 때문이다.

환경오염이 발생한 근본적 원인

생태계는 어느 정도의 외부 충격에 대하여 스스로 회복하는 능력이 있다. 사람의 몸이 외부에서 병원체가 침입해도 이겨낼 수 있는 것처럼, 자연도 한계점 이내의 오염 물질을 접하게 되면 자정작용으로 이를 극복할 수 있다.

회복 능력이 크다는 것은 생태계가 안정적이라는 것을 의미한다. 생태계는 종 다양성*이 높을수록 안정적이다. 반대로 한 종의 밀도가 너무 높거나, 어떤 특정한 종이 자원의 대부분을 차지하고 있으면 생태계의 불안정성이 높아진다.

2007년 태안 기름 유출 사고가 발생했을 때 대학원 친구들과 기름을 제거하기 위해 달려갔었다. 검게 변한 바위와 모래에서는 역한 기름 냄새가 진동했고 살아 있는 생명체는 찾아볼 수 없었다. '과연 다시 태안 바다가 살아날 수 있을까?' 의구심이 들었다.

당시 태안의 바닷가를 살리기 위해 123만 명이나 되는 자원봉사자들이 노력했다고 한다. 그러나 사람의 손으로 할 수 있는 일은 눈에 보이는 기름만 물리적으로 걷어 내는 것뿐이며 이미 토양에 스며든 기름을 완벽히 제거하지는 못한다. 결국 생태계 스스로의 자정작용을 통해 회복하는 것이 최선의 방법이다. 자정작용에 결정적인 역할을 하는 것은 유류 오염에 내성이 강하고 기름을 분해할 수 있는 토양미생물들이다. 이러한 미생물 종류가 다양할수록, 즉 종 다양도가 높을수록 정화 속도와 효율이 높아진다. 기름 유출 사고가 나고 9년이 지난 현재 태안 바닷가에는 다시 자연산 굴을 포함한 다양한 어패류가 잡히고 물고기들이 돌아왔다고 한다. 자연의 자정 능력에 감사하고 감탄하지 않을 수 없다.

환경문제는 인구 증가와 관련이 높다. 인구 증가를 환경오염의 첫 번째 원인으로 꼽을 수 있을 정도이다. 인구가 증가하면 식량 소비도 증대되고, 생활공간이 더 많이 필요하고, 생활 쓰레기와 배설물도 더 많이 발생한다. 부유한 국가일수록 한 사람이 소비하는 에너지양이 많기 때문에 환경에 미치는 영향도 크다.

산업혁명 이전 인간이 배출하는 오염 물질은 자연환경이 어느 정도 수용할 수 있는 수준이었다. 농업사회에서는 지중해 지역에 발생했던 과다 방목의 피해와 같이 국지적인 환경문제가 발생한 사례도 있었지만, 이런 환경문제가 전체 인류의 생존을 위협할 수준은 아니었다.

지난 2000년 동안의 인구 변화를 살펴보면 산업혁명과 함께 병원균의 발견, 공중 위생의 개선, 백신 개발, 식량 공급의 증대 이후로 인구가 놀라운 속도로 증가한 것을 볼 수 있다. 농경 사회 초기에 세계 인구는 500만 명에 불과했으나, 1800년경에는 1억 명이 되었다. 2015년 현재 세계의 인구는 약 73억 명이고 2100년에는 112억 명이 될 것으로 예측된다.그림 1-7

이런 가파른 인구 증가율은 1963년 이후 다행히 감소하고 있다. 가족 규모의 변화, 여성의 사회 진출, 산아제한 등이 인구 증가율 감소에 기여했다. 하지만 이런 추세는 주로 선진국에서 나타나고 있으며, 저개발 국가나 개발도상국의 인구는 조절되지 않고 있다. 아직까지 지구의 인구 수용 능력을 정확하게 계산하지 못하는 상태이다.

한국의 인구 변화도 세계적인 추세와 유사한 모습을 보인다.그림 1-8 1960년 이후 경제가 발전하면서 우리나라는 인구가 폭발적으로 증가했고, 인구의 도시집중이 시작되었다. 2010년 우리나라의 도시화 비율은 90%에 이르렀다. 인구의 도시집중은 특히 대기오염과 수질오염의 주요 원인이 되었다.

환경오염의 두 번째 원인은 자원의 과도한 사용이다. 자원 사용량

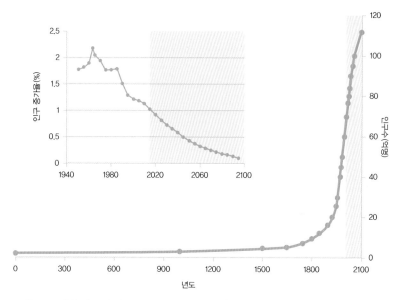

그림 1-7. 세계 인구 및 인구 증가율의 변화와 예측(http://www.worldometers.info/world-population)

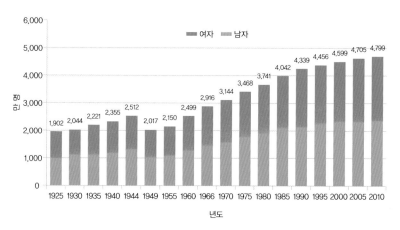

그림 1-8. 우리나라 인구 추이(http://kosis.kr/statHtml/statHtml.do?orgId=101&tblId=DT_1IN0001_ENG&vw_cd=MT_ZTITLE&list_id=A111&seqNo=&lang_mode=ko&language=kor&obj_var_id=&itm_id=&conn_path=K2#)

은 인구 증가와 더불어 생활수준 향상과 관련이 깊다. 약 3억 명의 미국 인구가 사용하는 에너지양은 전 세계 에너지 소비량의 30%를 차지한다. 자원은 재생 가능한 자원과 재생 불가능한 자원으로 나눌 수 있다. 재생 가능한 자원은 산소, 물과 식량, 목재 같은 생물학적 산물이며, 재생 불가능한 자원에는 화석연료와 광물이 있다.

인간의 자원 사용에서 큰 문제는, 우리가 사용하는 에너지의 90% 이상이 재생 불가능한 화석연료에 의지하고 있다는 사실이다. 광물은 회수해서 재사용할 수 있지만, 화석연료는 한 번 사용하면 되돌릴 수 없다.

사용한 화석연료는 에너지의 질이 낮은 무질서 상태로 전환되어 스모그*, 산성비*, 지구온난화 등 심각한 환경문제를 일으킨다. 이론적으로 재생이 가능한 자원도, 급속한 인구 증가와 생활수준 향상으로 자연 순환의 속도가 소비의 속도를 따라가지 못하는 경우가 발생하고 있다.

중국과 인도 등 개발도상국의 경제가 발전하면서 에너지 소비량이 빠르게 증가하고 있다. 2014년의 『에너지통계연보』를 살펴보면, 1980년 이후 약 30년 사이에 세계의 에너지 공급량이 두 배 가까이 증가했다.그림 1-9 증가한 대부분의 에너지는 화석연료로 발생한 것이라고 할 수 있다.

지구의 많은 자원은 한정되어 있다. 급속도로 증가하는 자원의 수

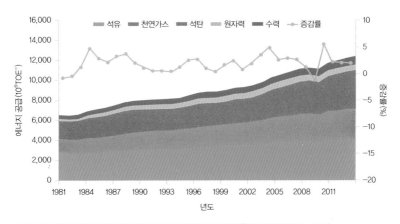

그림 1-9. 자원 유형에 따른 세계 에너지 공급 및 증감률 변화(『에너지통계연보』, 2014)

요를 지구의 생태계가 얼마나 지탱할 수 있을지 많은 사람들이 염려하고 있다. 지금의 환경문제는 근본적으로, 절제하지 못하는 인간 본성에 기인하는 것일 수도 있다. 인구의 조절, 소비 형태의 변화, 혁신적인 기술 개발 없이 현재의 상황이 지속된다면 환경오염 문제는 앞으로도 해결할 수 없을 것이고, 인류의 생존까지 위협하게 될 것이다.

대기, 물, 토양 오염의 현재

대기를 더럽히는 물질들

우리 눈에는 보이지 않지만 생명을 유지하기 위해 한 순간도 없어서
는 안 되는 것이 공기이다. 모든 동식물은 살아 있는 동안 끊임없이
공기를 들이마시고 호흡을 한다. 그런데 매순간 오염된 공기를 들이
마셔야 한다면 어떨까? 상상만으로도 숨이 막히지 않은가?

봄철 황사가 심한 날이나 대기 중 미세먼지의 농도가 높은 날이 많
아지고 있다. 이런 날에는 창문을 여는 것이 망설여지고 목은 아프고
눈도 따갑다. 대기는 다른 매질보다 확산 속도가 매우 빠르기 때문에,
공기 속에서 오염 물질이 쉽게 희석되지만 다른 지역으로 빠르게 이
동하기도 한다.

2012년 연구차 노르웨이 스발바르 제도에 갔을 때, 영국인 연구자 한 명을 만났다. 미안하게도 이름은 기억나지 않지만, 그가 했던 흥미로운 연구는 아직도 기억에 생생하다. 영국 박사는 겨우내 쌓인 북극의 눈이 녹아서 흐를 때 연구를 시작한다. 그 물에 포함되어 있는 특수한 대기오염 물질_{이 물질은 전 세계 어디에서 얼마만큼 만들어지는지 파악할 수 있다.}을 분석하여, 전 지구적 대기 흐름과 공기 이동에 의해 발생 가능한 오염 현상 등을 분석한다고 했다. 물론 이렇게 제한적인 조건에서도 대기오염에 대한 연구는 매우 힘들다는 이야기를 빼놓지 않았다. 인간의 힘으로 바람의 방향을 조정할 수 없다. 연구도 이렇게 힘든데 사람의 힘으로 대기오염 물질의 확산을 차단하기란 불가능하다.

적은 양의 대기오염 물질은 심각한 문제가 되지 않는다. 하지만 오염 물질이 한계치를 넘어서면 통제하기가 매우 어렵고, 대기의 특성상 국가를 넘어 전 지구적인 재앙까지 될 가능성이 높다. 대기오염은 인간이 불을 사용하면서 시작되었다고 할 수 있다. 그러나 대기오염이 심각한 문제가 된 것은 산업혁명으로 화석연료 사용이 급격하게 늘어나면서부터였다. 1950년대 영국 런던과 미국 로스앤젤레스에 발생했던 스모그, 최근에는 중국 베이징의 스모그와 미세먼지 증가 등을 대표적인 사례로 들 수 있다.

대기오염 물질에는 입자로 존재하는 분진, 매연, 미세먼지, 연무 등과 가스로 존재하는 일산화탄소, 이산화질소, 아황산가스 등이 있다.

또한 대기오염 물질은 서로 화학반응을 일으켜 새로운 오염 물질로 쉽게 바뀌곤 한다. 자외선 농도가 높은 여름날 도시의 오존과 광화학 스모그가 대표적인 예이다.

심각한 대기오염은 공업지역이나 인구가 밀집한 도시에서 대기가 정체된 시기에 주로 발생한다. 대기오염 물질 중에서 이산화황과 질소산화물*은 대기 중에서 화학반응으로 산성비를 발생시키기도 한다. 이들은 각각 황산, 질산으로 변환되어 내리는 비의 수소이온 농도를 10~10,000배까지 높인다.

과거 서유럽 공업지역에서 발생한 산성의 대기오염 물질이 스웨덴, 노르웨이 등 북유럽 국가의 호수와 침엽수림 생태계에 심각한 손상을 입혔다. 산성비는 토양미생물 구조를 변화시켜 분해자의 역할을 제대로 하지 못하게 만들고, 토양에 있는 영양염류*가 식물에 흡수되는 것을 어렵게 하여 식물을 죽게 하고, 건축물의 대리석과 금속 제품을 손상시킨다.

큰 대가를 치러야 하는 물의 오염

물은 생명의 근원이다. 깨끗한 공기와 더불어 깨끗한 물은 인류의 생존에 필수적이다. 고대 인류의 문명은 모두 수자원이 풍부한 곳에서 시작되었다.

물은 지구 표면의 4분의 3를 덮고 있지만, 인간이 식수와 공업용수, 농업용수로 사용할 수 있는 물은 그 가운데 0.62%에 불과하다. 물도 토양처럼 오염 물질이 유입되면 물리적, 화학적, 생물적으로 정화하는 자정 능력을 가지고 있다. 하지만 오염의 한계치를 넘어서면 자정 능력을 잃어버린다. 그 상태가 되면 인간이 별도로 엄청난 비용을 들여 물을 깨끗하게 만들어야 한다.

수질오염에는 네 가지 형태가 있다. 첫째는 과도한 질소나 인화합물이 물속에 들어가 부영양화富營養化, eutrophication 현상을 일으키는 것이다. 부영양화가 발생하면 이로 인해 식물성플랑크톤이 증식하여 녹조가 발생한다. 여름이 되어 가뭄이 계속 이어지면 강과 호수에 녹조가 발생하여 물고기가 떼죽음을 당하는 모습이 뉴스에 등장하곤 한다.그림 1-10

수질오염의 두 번째 형태로 물속 산소가 없어지는 것을 들 수 있다. 인간이 소비한 많은 양의 유기물이 하천에 유입되어 녹조가 발생하면, 물속의 미생물이 이를 양분으로 하여 대량으로 증식한다. 이렇게 늘어난 미생물이 유기물을 분해하는 과정에서 물속의 산소를 모두 소비하게 된다. 산소가 없어진 물에는 산소로 호흡하는 생물이 살지 못한다. 이러한 일련의 과정은 기온이 높아지는 시기에 댐이나 호수처럼 정체된 수역에서 주로 발생한다. 높은 곳에서 낮은 곳으로 흐르는 물의 자연스러운 속성을 인간의 힘으로 막았을 때 이처럼 예상하지 못했던 재앙이 발생하기도 한다는 사실을 잊어서는 안 된다.

그림 1-10. 한강 하류에서 녹조가 발생해 집단 폐사한 물고기(고양, 2015)

    수질오염의 세 번째 형태로는, 중금속이 흘러들어와 일으키는 오염을 들 수 있다. 중금속은 체내에 들어오면 배출되지 않고 몸속에 축적되어 사람의 생명을 위협하게 된다.

    수질오염의 네 번째 형태로는 수인성 전염 세균이나 바이러스에 의한 오염이 있다. 이 형태의 오염은 세균에 감염된 동물이나 사람의 배설물이 물에 유입되어 발생한다. 공중화장실과 하수 시설은 과거 로마 시대부터 있었다. 하지만 집단적인 물 관리의 중요성을 인식하게 된 것은 19세기 중반, 영국 런던에서 수질오염으로 인한 콜레라가 연속적으로 발생하면서부터의 일이다. 일본에서도 중금속으로 물이 오염되면서 미나마타병, 이타이이타이병이 발생했고, 한국에서도 수 돗물 중금속 오염 사건, 페놀 유출 사건 등을 거치면서 물의 오염 방지와 관리에 대한 관심이 높아졌다.

서서히 생명을 잃어가는 토양

눈으로 보기에 토양은 그저 흙만 있는 것처럼 보인다. 하지만 토양은 고체 상태의 흙과 물, 공기가 어우러져 복잡한 구조를 이루고 있으며, 사람의 눈에는 쉽게 보이지 않는 수많은 생물이 살아가고 있다. 식물이 뿌리 내릴 수 있는 토양이 없었다면 지금처럼 지구가 아름다운 모습을 갖추게 되었을까?

토양오염은 대기오염이나 수질오염에 비해 인간에게 빠른 속도로 직접적인 영향을 미치지는 않는다. 하지만 오염된 토양은 농작물의 생육을 저해하고, 오염 물질을 흡수한 작물은 그것을 먹은 동물과 인간에게 커다란 피해를 입힌다. 토양에서 오염 물질은 대기에서처럼 빠르게 확산되어 피해를 입히지는 않지만, 토양 속에서 오랜 기간 서서히 배출되면서 때로는 지하수나 하천을 오염시키기도 한다.

토양은 농약이나 폐기물로 직접 오염되기도 하지만, 대기나 수질 오염의 영향을 받는 경우도 많다. 생태계와 그 구성 요소들은 서로 영향을 주고받는다.

토양의 직접 오염에서 대표적인 경우는 과도한 농약 살포로 인한 것이다. 농약은 그 자체로도 독성을 가지고 있지만, 토양에 들어가 원래의 목적과는 다른 유해한 물질로 변할 수도 있다. 레이첼 카슨의 『침묵의 봄』에 등장하는 유기 염소제*와 유기 수은계 화합물은, 토양에서 쉽게 분해되지 않아 장기간 잔류하고, 식물과 동물의 체내에서 오랫동안 심각한 문제를 일으킨다. 살충제를 살포한 적 없는 지역인 남극에 사는 펭귄과 물고기에서까지 유기 염소제가 검출된 사례는 토양오염의 심각성을 잘 말해 준다.

토양에 살포한 농약은 작물에 피해를 주는 생물을 박멸하지만, 유익한 곤충이나 토양에 사는 미생물까지 죽이게 된다. 결국 장기적으로 토양 생태계를 파괴하여 사용할 수 없게 만드는 것이다.

지속적인 화학비료와 농약 사용, 그리고 산성비로 토양이 산성화되면 토양의 구조가 바뀐다. 또한 식물의 생장에 필요한 영양염류가 유실될 수 있다. 이 밖에도 폐기물이나 폐수로 인한 중금속오염, 방사능오염, 관개농업으로 발생하는 토양 염분의 축적 때문에 토양 속에 있는 많은 생명의 삶에 부정적인 영향이 발생한다.

2

맑은 대기에서
숨 쉴 권리

지구 전체를 뒤덮은 대기오염

나는 북극에서 현화식물顯花植物을 연구했다. 사람들은 극지방에 꽃이 있으면 얼마나 있겠냐는 질문을 많이 하지만, 실제로 내가 갔던 노르웨이 스발바르 제도의 콩스피오르덴'왕의협곡'이라 해석할 수 있지만「반지의 제왕」에서처럼 웅장한 절벽 풍광은 없다.에서만 30여 종에 가까운 현화식물을 볼 수 있었다. 생물학적으로 관목으로 분류되는 식물도 3종 이상 있으니 식물종 다양성도 꽤 높은 곳임에 분명하다.

하지만 북극에서의 첫 해는 다른 연구자들이 연구하지 않은 내가 원하는 조건의 장소를 찾느라 많은 시간을 보내야만 했다. 다른 도시처럼 차로 이동할 수 있는 장소는 한정적이다 보니 하루에도 몇 시간을 도보로 이동하면서 장소를 찾곤 하였다.

그런데 참 신기하게도 바로 인근에 있는 것처럼 보이는 빙하나 산자락까지 이동하는 데 몇 시간이 넘게 걸리는 것이 아닌가. 흙이 거의 없고 돌과 자갈로 이루어진 길을 걷느라 더 시간이 걸렸겠지만 생각보다 너무 멀어서 우리 탐험대도 참 고생이 많았다. 실제로 위성 영상으로 계산해 본 결과 직선거리로만 평균 2km 이상이 되었다.

이렇게 멀리 볼 수 있는 이유는 시야를 가리는 대기오염 물질이 상대적으로 적었기 때문이다. 가시거리가 짧은 도시에서 비가 온 후 멀리까지 볼 수 있는 이유도 바로 이 때문이다.

지구 대기층에서 가장 낮은 곳에 있는 대류권에는 질소, 산소, 아르곤, 이산화탄소 등의 기체가 일정한 비율로 섞여 있다. 대기의 조성 비율은 인간 활동과 생태계 유지에 직접 영향을 미친다.

가스, 먼지, 매연, 악취 같은 오염 물질이 과도하게 배출되면 대기의 조성 비율이 변화되고 인간의 건강과 활동은 물론 생태계 전체가 피해를 입게 된다. 우리에게 대표적인 대기오염 물질로 알려진 황산화물˙이나 질소산화물은 화산의 활동, 온천, 토양미생물의 활동을 통해서도 발생한다.

생태계는 물질 순환 과정을 통해 이런 대기오염 물질을 분해하고, 토양에 흡수하여 식물이 이용할 수 있게 만든다. 그러나 불행하게도 인간의 활동으로 과도한 대기오염 물질이 배출되면서 이러한 생태계의 균형이 깨졌다.

근대가 되면서 대도시에 스모그가 발생해 많은 사람들이 사망하고, 산성비로 호수와 산림의 생태계가 파괴되고, 오존층*이 줄어들면서 햇빛을 피해야 하는 형편이 되었다. 과거에는 주로 대기가 정체된 시간에 고농도 오염 물질이 배출되는 공업지역에서 심한 대기오염이 발생했다. 그러나 대기오염 물질이 전 지구적으로 축적되면서 산성비, 오존층 파괴, 기후변화* 등의 형태로 인류 전체의 재앙이 되고 있다. 생명 유지에 필수적인 공기와 물이 오염되면서, 생태계에서 생물종이 빠르게 감소하고 있으며, 생태계의 일부분인 인간의 생존마저 위협 당하고 있다.

주요 선진국의 대기오염 물질 배출량을 비교해 보면 미국이 다른 국가에 비해 월등히 많다. 그러나 2002년 이후 10년 동안 이산화황 SO_2 은 65%, 이산화질소 NO_2 는 40%가량 감소할 만큼 배출량이 크게 줄어든 것을 알 수 있다. 다른 선진국들 또한 오염 물질 배출이 감소되는 추세에 있다. 그러나 개발도상국의 대기오염 물질 배출량이 증가하고 있어 전체 대기오염 물질의 변화는 크지 않다.

유럽과 북미 선진국들은 산업화 이후 100년 넘게 오염 물질을 배출해 왔다. 제한된 지구 자원을 일부 국가들이 과도하게 사용한 것이다. 대기 환경 개선을 위해서는 이들의 책임 있는 실천이 필요하며, 오염 물질 배출 감소를 위한 노력이 계속되어야 한다.

환경부 자료에 의하면 우리나라는 7가지 대표적 대기오염 물질의

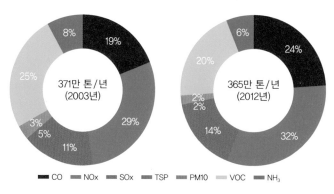

그림 2-1. 대표적인 대기오염 물질의 비율 변화 및 총량(『대기오염 물질 배출량(2012년)』, 2014)

간 배출 총량이 약 370만 톤으로 9년 전과 비교했을 때 큰 차이가 없다.그림 2-1 오염 물질의 조성을 살펴보면, 자동차가 증가하면서 일산화탄소와 질소산화물의 비율이 증가했으며 황산화물은 꾸준히 감소하고 있다. 다른 선진국과 비교해 총량에서는 크게 높은 수준은 아니나, 한국의 인구를 고려했을 때 1인당 배출하는 대기오염 물질은 낮은 수준이 아니다.

스모그의 주범, 이산화황과 이산화질소

자연 상태의 생태계에서 황 화합물은 화산이나 온천에서 주로 배출된다. 지구의 역사에서 대규모 화산활동이 있던 시기에는 대기 속의 황산화물 농도가 높아지면서 문제가 되었다. 하지만 대부분 시기에는 특정 미생물의 활동으로 황의 순환이 원활히 이루어지면서 대기 중 황화합물의 농도는 일정하게 유지되었다.

석탄과 석유는 0.1~5%의 황을 포함하고 있어 연소하면 황산화물이 발생한다. 산업혁명으로 화석연료 특히 석탄 사용이 급증하였던 시기에 대표적인 대기오염 물질은 이산화황이었다. 1950년대에 영국, 미국의 공업 도시에서 많은 사망자를 발생시켰던 스모그의 주요 원인 물질이 이산화황이다. 당시 공업지대의 대기는 이산화황 농도

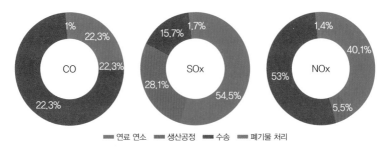

그림 2-2. 대기오염 물질(CO, SOx, NOx) 배출원(『대기오염 물질 배출량(2012년)』, 2014)

가 0.5ppm*이 넘는 상태로 일주일가량 지속되기도 했다.

　황산화물 중 이산화황은 95%를 차지하는데 주로 금속의 제련, 석유 정제, 화학비료 제조 등을 하는 산업 시설이나 발전 시설에서 발생한다.그림 2-2 이산화황은 물에 잘 녹는 특성이 있어 대기 중에서 수분과 결합하여 쉽게 황산이 된다. 이 황산은 호흡 작용으로 대부분 흡수되어 사람의 기관지, 코, 눈의 점막 등을 자극한다. 지속적으로 이 오염 물질에 노출되면 폐렴, 천식, 폐기종이 생길 수도 있다. 황산화물은 식물에게는 기공을 통해 흡수되어, 엽록소를 파괴하고 잎의 조직을 회백색으로 퇴색시켜 말라 죽게 한다.

　현재 대기 중의 이산화황 농도는 선진국을 중심으로 빠르게 감소하고 있다. 과거 이산화황의 주요 배출 지역이던 서유럽과 북미, 동아시아 지역은 심각한 스모그와 산성비의 피해를 경험한 후 이산화황의 배출을 감소시키기 위해 노력하고 있다. 황이 많이 포함된 석탄의 사용이 감소되었고 탈황 장치의 설치가 늘고 있으며 천연가스 사용이 확대되는 등의 노력이 효과를 나타내고 있는 것으로 보인다. 중국도 2005년까지 이산화황의 배출이 빠르게 증가했으나, 2008년부터는 점차 감소하는 추세를 보이고 있다. 하지만 인도와 아프리카 개발도상국의 경우 계속 이산화황 배출이 증가하고 있다.표 2-1

한국 대도시의 대기 속에 포함된 이산화황의 농도는 비교적 빠르게 감소해 왔다.그림 2-3 WHO세계보건기구, World Health Organization의 연간 이산화황 환경 기준이 0.015ppm인 것을 감안할 때, 1990년 이후 10년 동안 크게 감소한 결과를 볼 수 있다. 특히 서울의 경우 이산화황 배출이 90%가량 감소했으며, 산업 시설이 많은 울산은 상대적으로 배출 감소폭이 적었다.

표 2-1. 세계 주요 지역 SO_2 배출 변화량(Klimont et al., 2013)

지역	SO_2 배출 변화(Gg)	
	2000~2005년	2005~2010년
아프리카	471	450
중국	8203	−2559
인도	1178	2655
중동	240	381
유럽	−2792	−3621
러시아	278	−1556
남아메리카	−1946	−310
북아메리카	−1447	−6660
전 지구	5584	−9281

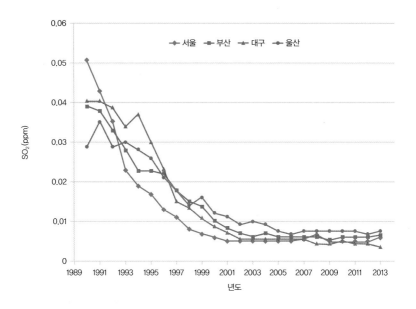

그림 2-3. 우리나라 대도시 대기 SO_2 농도 연도별 변화(『환경통계연감』, 2014)

　질소 분자는 두 개의 질소 원자가 강하게 결합하고 있기 때문에 원자 상태로 쪼개는 것이 쉽지 않다. 그런데 질소고정 미생물은 질소 가스를 분해하는 특별한 능력을 가지고 있어 생물체가 이용할 수 있는 질소화합물을 만들 수 있다.

　질소 원자를 포함하는 동식물의 단백질이 연소될 때도 질소산화물은 발생한다. 하지만 대부분의 경우 자동차, 선박, 항공기 등의 내연기관 내부에서 매우 높은 온도와 압력이 형성되면서 질소산화물이 배출된다.그림 2-2 자연환경에서는 질소의 순환이 이루어지면서 본

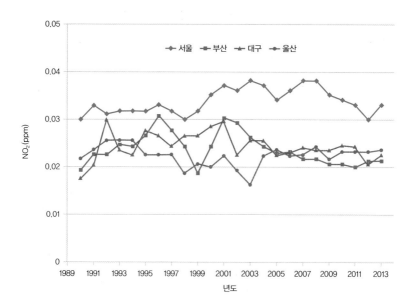

그림 2-4. 우리나라 대도시 대기 NO_2 농도 연도별 변화(『환경통계연감』, 2014)

래 대기 중 질소산화물의 농도가 일정하게 유지된다. 하지만 내연기관의 사용이 급증하면서 질소산화물 배출 역시 급속하게 늘어났다. 2012년 환경부가 내놓은 자료에 의하면 한국에서도 질소산화물의 50% 이상이 수송 과정에서 발생하는 것으로 나타난다.

대기 중에서 질소산화물의 농도가 높아지면, 탄화수소가 햇빛과 반응하여 광화학스모그가 발생한다. 여름과 겨울철에 고기압의 영향으로 공기 중에 역전층이 형성되는 미국 로스앤젤레스는 1950년대에 극심한 광화학스모그가 발생했다. 질소산화물은 황산화물과는 달리 물에 쉽게 녹지 않기 때문에 사람의 폐 깊숙이 도달해 폐 점막을 자극하게 된다.

우리나라 대도시에서 대기 속 이산화질소 연평균 농도는 미국, 일본의 주요 도시와 비슷한 0.03ppm 수준이다. 질소산화물 배출을 줄일 수 있는 저공해 자동차 보급이 확대되었으나 전체 자동차 수가 늘어나면서 대기 속 이산화질소 농도 변화는 큰 차이가 없는 것으로 나타났다.그림 2-4 자동차가 밀집한 서울은 다른 대도시에 비해 이산화질소 농도가 높은데, 이로 인해 여름철에 광화학스모그가 나타나고 오존 경보가 발령되기도 한다.

대륙을 건너다니는 미세먼지

대기오염 물질은 크게 입자 형태의 물질과 가스 형태의 물질로 나뉜다. 가스 형태의 물질은 앞서 살펴본 이산화황, 이산화질소, 일산화탄소 등이 있으며, 입자 형태 물질은 미세한 크기의 고체나 액체 상태의 물질인 분진, 매연, 석면 등이 있다. 이 가운데에서도 지름 $10\mu m$ 이하의 미세한 입자, 미세먼지PM10는 며칠 동안 대기 속을 떠다니게 된다.

화석연료 소비가 많은 겨울과 이른 봄철에 주로 발생하는 $2.5\mu m$ 이하의 초미세먼지PM2.5는 머리카락 굵기의 20분의 1도 되지 않을 만큼 크기가 작다. 이런 초미세먼지는 숨을 쉴 때 코나 기관지에서 걸러지지 않은 채 폐까지 쉽게 도달하고, 혈액에도 침투하여 심혈관계 질병을 일으키기도 한다.

초미세먼지는 자동차 배기가스, 발전소, 공장의 생산 공정 등에서 주로 발생하며 다량의 황산염, 질산염, 유기탄소 등을 포함하고 있다. 초미세먼지는 암을 일으키는 발암물질로 분류되는데, 농도와 노출 시간에 따라 사람의 몸에 미치는 영향은 다르다. 극단적인 경우에는 이런 초미세먼지로 인해 사망에 이를 수도 있다. 초미세먼지의 하루 평균 농도가 $10\mu g/m^{3*}$ 상승할 때마다 사망률이 0.3~1.2% 증가한 다는 연구 결과도 있다.

미세먼지는 길게는 여러 주 동안 대기 중에 떠 있을 수 있어, 바람을 타고 대륙을 건너 이동을 하기도 한다. 유럽과 러시아 등지에서 발생한 미세먼지가 북극 상공에 갈색 구름층을 만들고, 중국에서 발생한 먼지 입자가 우리나라와 일본을 거쳐 미국까지 도달하는 일도 발생한다. 미국항공우주국의 인공위성으로 관측한 결과 사막이 주로 위치한 중국, 몽골, 서아시아, 북아프리카 등지에서 초미세먼지 농도가 높은 것을 알 수 있었다.그림 2-5 특히 중국의 미세먼지에는 공업 지역에서 배출한 발암성 연소 생성물과 납, 니켈 같은 중금속이 다량 포함되어 있다.

미국에서는 초미세먼지 농도가 꾸준히 감소하고 있다. 지난 2000년 이후 초미세먼지의 농도는 약 34% 감소했으며, 현재 연평균 미세먼지 농도가 EPA미국환경보호청, US Environmental Protection Agency의 허용

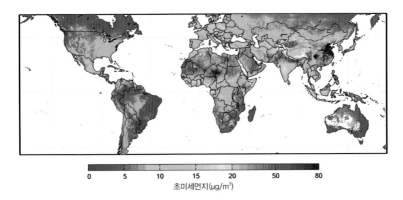

그림 2-5. 인공위성 자료를 통해 관측한 전 세계 초미세먼지 분포(http://www.nasa.gov/topics/earth/features/health-sapping.html)

기준치 12µg/m³보다 낮은 수준이다. 미국에서는 약 60년 전 공업 도시 도노라와 로스앤젤레스의 극심한 스모그로 수십 명이 사망하는 일이 있었다. 이로 인해 대기 환경 개선에 대한 시민들의 관심과 요구가 커졌고, 당국에서는 청정 공기 법안을 발의했다. 이후 미국 정부는 공장과 자동차의 오염 물질 배출 기준을 책정하고 강력한 규제를 해 왔다. 경제 발전도 중요하지만 지금까지 너무 당연한 존재로 여겨 왔던 깨끗한 공기를 잃게 된다면 모든 것을 잃게 된다는 사실을 깨달은 것이다.

중국도 미세먼지의 위험성을 인식하고, 미세먼지를 감소하기 위해 노력하고 있다. 그러나 베이징의 미세먼지 농도는 2001년 이후 크게 개선되지 않고 있으며, 선진국의 연평균 허용 기준치인 35µg/m³

을 크게 웃도는 위험한 수준에 머무는 중이다. 2013년 1월에는 평균 412μg/m^{3}의 초미세먼지 농도가 4일 동안 계속되었다고 한다.

이른 봄이면 우리나라에 어김없이 찾아오는 미세먼지 속에도 중국에서 날아온 미세먼지가 상당히 많이 포함되어 있다. 도시 오염의 영향이 적은 백령도에서 미세먼지가 늘어나고 있다는 점, 그리고 미세먼지의 구성 성분을 분석한 결과를 통해 한국의 미세먼지 오염은 중국 대기오염의 영향이라는 사실을 알 수 있다. 한 나라의 환경 재앙이 이웃 나라에도 직접적인 영향을 미치는 것이다.

한국의 미세먼지 배출량은 지난 10년 동안 꾸준히 증가하고 있다. 뉴욕, 파리, 런던 등 대도시들과 비교했을 때 연평균 미세먼지 농도가

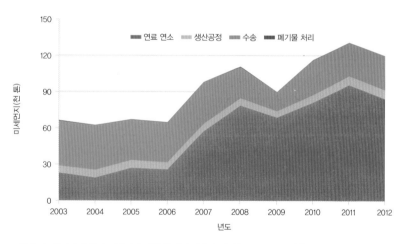

그림 2-6. 우리나라 연간 미세먼지 발생 원인별 배출량 변화(2003~2012년)(『대기오염 물질 배출량 (2012년)』, 2014)

30%가량 높은 수준이다. 미세먼지 농도와 관련이 있는 이산화황의 농도는 감소하고 있으나, 화석연료를 연소시킬 때 발생하는 기타 대기오염 물질은 꾸준히 증가하고 있다.그림 2-6

한국 정부는 중국에서 날아오는 미세먼지만 탓할 것이 아니라 국내에서 발생하는 미세먼지를 줄이기 위한 노력을 서둘러야 한다. 이미 많은 사람들이 미세먼지로 인한 피해를 보고 있는 상황이다. 특히, 2006년 이후에 각종 산업 시설에서 발생하는 미세먼지의 양이 크게 증가했는데 이를 규제할 수 있는 규정과 기준을 서둘러 마련해야 할 것이다.

생태계 전체를 위협하는 산성비

농업이 주요 산업이던 과거의 우리나라에서 모내기를 시작하는 4~5
월에 내리는 비는 경제적인 가치로 환산하기 어려울 만큼 소중한 존
재였다. 왕들이 기우제를 지냈다는 많은 역사 기록에서도 볼 수 있듯
이 비는 한 해의 농사와 나라 경제를 좌우할 만큼 중요한 존재였다.

  옛날의 비는 사람이 마셔도 좋을 만큼 깨끗했다. 하지만 오늘날의
비는 마시기는커녕 맞는 일조차 피해야 하는 대상이 되어 버렸다. 산
성비라는 말이 생겨났고, 비나 눈이 온 다음날이면 자동차나 유리창
은 온통 먼지로 얼룩이 진다.

  빗물에는 생각보다 많은 성분들이 들어 있다. 자연에서 물은 훌륭
한 용매이다. 구름 속 빗물 또한 공기 중에 떠다니는 많은 것을 녹인

다. 자연환경에서 발생하는 화산재, 먼지, 바닷물 속 염분, 이산화탄소 등이 빗속에 녹아 있곤 한다.

특히 대기 중 이산화탄소는 약 350ppm으로, 그 가운데 일부가 빗방울에 용해되고 탄산으로 변해 빗물의 산성도pH, 수소이온 농도 지수를 낮춘다. 비교적 약산에 속하는 탄산은 빗물에 녹은 나트륨, 칼슘, 마그네슘 등의 여러 양이온과 평형을 이루어 빗물의 산성도를 pH 5.6 가량으로 만든다.

산성비acid rain 라는 용어는 1872년 영국의 앵거스 스미스Angus Smith 가 화학 공장 주변과 농촌의 빗물 성분이 서로 다르다는 사실을 발견하고 처음 사용하였다. 그는 산성비의 무서운 영향에 대해 경고했으나, 당시에는 귀를 기울이는 사람이 적었다. 일반적으로 산성도가 pH 5.6 이하인 비를 산성비라고 할 수 있다. 산성비는 산업혁명 이후 화석연료 사용이 급증하면서 발생했다. 자동차, 발전소, 공장, 난방기기 등에서 발생하는 황산화물이나 질소산화물이 빗물에 녹으면서 비를 산성으로 만든다.

산성비에 대한 연구는 1950년대 초 스칸디나비아 반도 국가에서 호수 생태계와 침엽수 산림이 산성비로 피해를 입으면서 본격적으로 시작되었다. 이들 국가의 생태계 파괴는 공업단지가 밀집한 서유럽 국가에서 생성된 대기오염 물질로 발생한 것이었다.

대기오염은 산성비의 형태로도 광범위한 지역에 피해를 입힐 수 있다. 산도의 차이는 있으나 현재도 많은 국가에서 산성비가 내리고 있다. 특히 북유럽과 북미 북동부, 한국을 포함한 동아시아에서 산성비의 피해가 심하다.

한국은 1980년 이전에는 빗물의 산성도를 측정하지 않아 언제부터 빗물의 산성화가 시작되었는지 알 수 없다. 그러나 1950년대 중반 이후 공업단지가 생겨나고 가정용 난방에 연탄, 즉 석탄을 사용하면서 빗물의 산성화가 시작되었을 것으로 추측된다.

환경부의 기록에 의하면 산성비 조사를 시작한 1980년 서울의 빗물은 이미 pH가 4.59로 심하게 산성화되어 있었다. 1980년대에는 농촌 지역의 빗물은 정상에 가까웠으나 1990년대가 되면서 많은 농촌 지역에서도 빗물이 산성화되었다.

1991년 이후 공업 도시 울산을 포함한 대도시의 빗물 산성도를 살펴보면 여전히 산성비가 내리고 있음을 확인할 수 있다.그림 2-7 산성비는 도시 지역에서 건축물을 부식시켜 안전을 위협하고, 농촌 지역에서는 토양을 척박하게 만들어 농업 생산성을 떨어뜨린다.

빗물 속에는 다양한 이온이 녹아 있다. 산성비 속에는 주로 화석연료의 연소로 생성된 황산이온, 질산이온, 염소이온의 세 가지 음이온이 있고 수소이온, 나트륨이온, 칼륨이온, 마그네슘이온, 칼슘이온, 암모늄이온의 여섯 가지 양이온이 있다. 음이온은 수소이온과 결합해 강한 산성이 되어 산성비의 주된 원인 물질이 된다. 대기오염이 심한

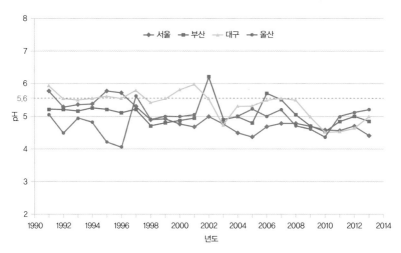

그림 2-7. 우리나라 대도시 빗물 산성도 pH 연도별 변화(『환경통계연감』, 2014)

대도시에서는 농촌 지역보다 대기 중 이온 농도가 높은 경우가 많다.

빗물의 단순한 산성도 비교로는 오염 물질의 양을 섬세하게 구별하는 것이 불가능하다. 예를 들어 말레이시아 열대 천연림에 위치한 타나라타 지역에 내리는 비는 산성도가 pH 5.13이고, 대기오염이 심한 중국 베이징에 내리는 비는 pH 6.76이다. 삼림 지역에서 내리는 비의 산성도가 더 낮게 나타난 것이다.

우리의 예상과 반대되는 이런 결과는 빗물 속 음이온과 양이온의 비율 차이 때문에 생긴다. 실제로 두 지역 빗물에 포함된 음이온을 살펴보면 타나라타는 16mEq/L*이고 베이징은 504mEq/L였다. 베이징의 경우 타나라타보다 30배 이상 많은 대기오염 물질이 빗물에 녹아 있었던 것이다. 산성비를 만드는 대기오염 물질의 대표로 꼽히는 이산화황과 이산화질소가 베이징의 빗물에 특히 많이 녹아 있는 것으로 나타났다.

빗물은 육지에 사는 생물의 생존을 위해 꼭 필요하다. 하지만 대기오염 물질을 품고 있는 산성비는 생태계에 부정적인 영향을 끼칠 수밖에 없다.그림 2-8

산성비의 영향을 일차적으로 받는 토양은 사람의 눈으로는 잘 보이지 않아도 구성 입자 사이에 공기와 물을 품고 있다. 또한 토양에는 수많은 미생물과 작은 동물, 식물 뿌리 등이 포함되어 있다.

토양에는 많은 염기성 양이온들이 있어 어느 정도의 산성비를 중

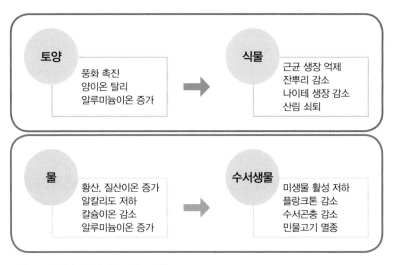

그림 2-8. 산성비가 생태계에 미치는 영향

화할 수 있는 능력이 있다. 풍화된 토양층이 두꺼운 지역은 산성도를 일정하게 유지할 수 있는 완충 능력이 크다. 따라서 산성비가 내려도 토양의 산성도가 쉽게 변하지 않고, 유수가 중성을 유지할 수 있다. 그러나 북유럽처럼 빙하의 영향으로 풍화층이 얇은 지역은 토양이 쉽게 산성화되고, 그 결과 하천과 호수도 피해를 입는다. 1950년대 북유럽 지역의 생태계가 산성비에 의해 큰 피해를 받은 이유가 여기에 있다.

한편 토양이 산성비를 지속적으로 맞으면 풍화 현상이 촉진된다. 토양 속에 유기물이 적고 토양 입자의 표면적이 넓을수록 풍화는 빨라진다. 산성비에 들어 있는 수소이온은 토양 입자에 붙어 있는 양이온Na^+, K^+, Ca^{2+}, Mg^{2+}과 자리를 바꾸어 떨어져 나가게 하면서 토양을 척박하게 만든다. 염기성 양이온이 줄어들면 토양은 더욱 쉽게 산성화되고, 식물은 양분을 흡수할 수 없어 활력을 잃는다. 우리나라의 경우도 서울 도심에서 가까운 지역일수록 토양이 산성화되어 있고, 토양 비옥도를 나타내는 염기 포화도飽和度 역시 낮은 것을 확인할 수 있다.

산성비가 미치는 또 다른 악영향은 산성비가 토양에 포함된 독성 알루미늄이온을 녹인다는 점이다. 알루미늄이온은 토양을 산성화시킬 뿐 아니라 식물 뿌리 끝의 세포분열을 저해하고 잔뿌리를 감소시킨다. 토양에 이런 변화가 생기면 식물 생장에 필수적인 토양 미생물의 하나인 근균이 감소되어 수목의 생장에 부정적인 영향을 미친다.

토양에 흡수되고 남은 빗물은 토양 표면을 흘러 하천이나 호수에 모인다. 토양에는 유기물이 분해된 부식질과 염기성 양이온이 풍부하게 들어 있다. 산성비가 내리더라도 토양을 통과하면서 빗물이 중화되기 때문에 하천이나 호수가 쉽게 산성화되지 않는다.

　　하지만 산성비에 의해 수소이온이 지나치게 유입되면 토양 중화의 한계를 넘어 하천이나 호수가 갑작스럽게 산성이 될 수 있다. 산성비가 지속적으로 호수에 유입되면 황산이온, 질산이온의 농도가 증가하면서 물속에 사는 생물이 생리적 기능에 손상을 입게 된다. 산성화된 빈영양貧營養 상태의 물은 칼슘이온이 크게 감소하고 알루미늄을 포함한 중금속 농도가 증가하면서 독성을 띠기도 한다. 이런 하천이나 호수에서는 미생물의 활성이 저하되고 플랑크톤과 수서곤충이 감소하며 민물고기가 멸종하는 결과까지 생긴다.

　　한국은 산지가 많아 빗물이 산림의 토양을 통과하면서 중화되고, 또 논의 면적이 넓어 하천이나 호수의 산성화가 비교적 심각하지 않을 수 있다. 특히 비가 많이 내리는 여름철이면 많은 양의 빗물이 논에 머무른다. 물에 잠긴 논흙에서는 철분이 환원되면서 수산기$_{OH^-}$가 유리되어 산성도를 높이게 된다. 논에 산성비가 내리더라도 논에 고인 물은 쉽게 산성화되지 않는 것이다.

오존층 파괴의 심각성

오늘날 한국에서 오존층이라는 말을 들어 보지 못한 사람은 없을 것
같다. 또한 정확히는 몰라도 오존층이 뭔가 환경문제와 관련된 주제
라는 사실 역시 많은 사람들에게 알려져 있다.

오존층은 고도 20~30km의 성층권 내에 위치하며, 0.3μm 이하
의 자외선을 흡수하여 태양에서 오는 해로운 광선이 지표면에 도달
하지 않도록 차단해 준다. 오존층의 오존 농도는 10만 개의 공기 분
자 중 1개 정도이지만, 지구의 생물을 보호하는 중요한 역할을 한다.

만일 오존층이 줄어들어 사람들이 자외선에 과다하게 노출되면 피
부암이 증가하고, 시력이 손상되며, 면역 기능에 이상이 발생하게 된
다. 자외선에 민감한 식물은 식물 호르몬 변화와 엽록소 손상이 일어
나게 된다. 식물성플랑크톤이 줄어들어 수 생태계의 먹이사슬에도

혼란이 발생할 것이다. 또한 오존층 파괴로 태양광이 증가하면 지구 온난화가 가속화될 것이라는 연구 결과도 있다.

오존O_3은 산소 분자O_2와 산소 원자O가 성층권에서 결합하여 생성된다. 자외선을 흡수하면서 오존은 다시 산소 분자와 원자로 분해된다. 성층권에 다른 화학물질이 없다면 오존의 농도는 계절과 태양 주기에 따른 다소의 변동을 제외하고 전체적으로는 거의 일정하게 유지된다. 하지만 인간이 배출한 질소산화물, 염소화합물, 브롬화합물 등이 오존층을 빠른 속도로 파괴해 버렸다.

특히 남극에는 한랭한 대기로 인해 성층권에 질산 구름이 쉽게 형성된다. 이 질산 구름과 염소화합물의 화학적 상호작용으로 남극 오존층에는 남극대륙의 거의 두 배 크기에 해당하는 구멍이 생겼다. NASA에서 촬영한 1979년과 2010년의 오존층 사진을 비교하면 그 차이를 확연히 알 수 있다.그림 2-9 생명체가 많이 살지 않는 남극뿐만 아니라 중위도에 있는 미국의 오존층도 같은 기간 15~20% 감소한 것이 밝혀졌다.

오존층 파괴의 심각성을 인식한 국제사회는 오존층 파괴에 결정적인 역할을 하는 염화불화탄소CFC와 브롬화합물 사용을 줄이려는 몬트리올 의정서에 서명했다. 이 의정서는 1987년 채택되어 1989년 발효되었는데, 우리나라는 1992년에 가입했다.

이후 NOAA는 1996년 염소화합물과 브롬화합물의 농도가 처음

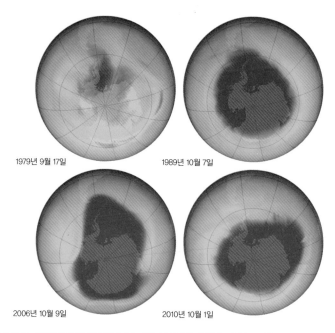

그림 2-9. 인공위성에서 촬영한 남극 대륙 성층권의 오존량 변화(http://earthobservatory.nasa. gov/IOTD/view.php?id=49040)

으로 감소했음을 보고했다. 그러나 염화불화탄소는 쉽게 분해되지 않는 안정성이 매우 높은 물질이기 때문에, 대체 물질을 개발하고 사용을 전면적으로 금지했음에도 대기 중 농도가 크게 감소하지 않았다.그림 2-10 성층권에서 염화불화탄소의 분자 수명은 50~100년으로 오존에 장기적인 손상을 끼칠 가능성이 높다. NOAA의 자료에 의하면 오존층 파괴와 관련된 활성 할로겐 원소의 전체 농도가 조금씩 감소하고 있으나, 화합물의 안정도에 따라 감소 속도 차이가 크다고

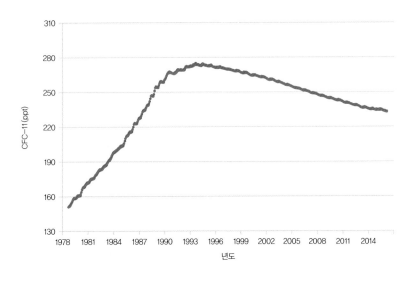

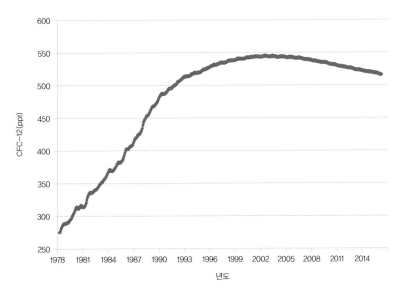

그림 2-10. 전 지구 대기 중 CFC-11과 CFC-12의 연도별 농도 변화(http://www.esrl.noaa.gov/gmd/hats/combined/CFC12.html)

한다.

오존층의 회복은 오존 파괴 화합물이 거의 사라져야 가능할 것이다. 하지만 대기의 물리화학적 반응이 복잡하게 얽혀 있기 때문에 오존층의 완전한 회복 시기는 사실상 예측이 불가능하다. 확실한 사실은 오존층 구멍은 지금도 여전히 존재하며, 그 구멍이 인간과 생태계의 건강에 부정적인 영향을 미치고 있다는 점이다. 우리는 지금도 자연에 대한 무지와 탐욕에 대한 대가를 치르고 있다.

3

뒤늦게 깨달은
물의 소중함

물은 가장 중요한 자원

생명은 물속에서 시작되었다. 물은 공기와 함께 생명 유지에 반드시
필요한 자원이다. 물이 주는 풍부한 생명 자원을 이용하여 인류 문명
이 시작했으며, 현대사회에서도 물은 가장 중요한 자원 중 하나이다.
인간은 물을 마셔야 살 수 있고, 물을 이용해 농사를 짓고 있으며, 물
길을 따라 이동하기도 하고, 산업혁명 이후 현재까지 다양한 산업 분
야에 물을 이용해 왔다.

물은 지구 표면의 약 71%를 차지하고 있기 때문에 흔한 자원이라
고 생각하기 쉽다. 하지만 인간이 사용할 수 있는 물은 지구에 존재
하는 전체의 물에서 고작 0.62%에 불과하다. 지구의 물 가운데 97%
는 염분이 너무 많고, 2%는 빙하나 수증기 상태로 존재하기 때문에

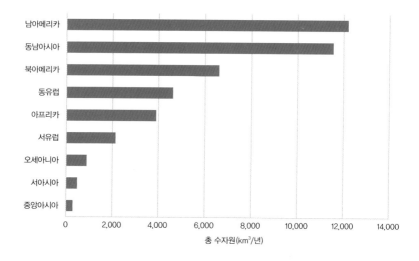

그림 3-1. 대륙별 연간 수자원 총량 비교(http://www.fao.org/docrep/005/y4473e/y4473e08.htm; Review of World Water Resources by Country)

사람이 바로 이용할 수 없다. 대륙별 총 담수 자원 양을 살펴보면 아마존강을 끼고 있는 남아메리카에 가장 많고, 다음으로 열대우림이 넓게 분포하는 동남아시아 지역이다.그림 3-1 사막이 많은 서아시아, 중앙아시아에서 담수의 양은 동남아시아와 비교해 40분의 1에 불과하다. 총 담수 자원의 양과 생태계의 생물량이나 생물 다양성 사이에는 높은 연관성이 존재한다.

1900년 이후 약 100년 동안 세계의 물 소비량은 약 6배나 증가했다. 이는 인구 증가 속도의 두 배에 해당한다. 인간은 살아가기 위해 하루에 2리터의 물을 마시고, 목욕과 빨래, 화장실 등 생활용수로 약

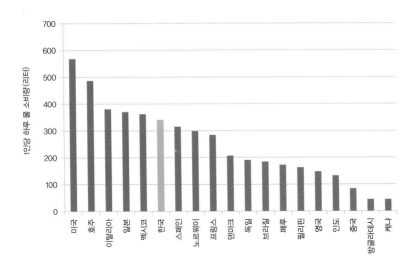

그림 3-2. 주요 국가 1인당 하루 물 소비량 비교(UNDP Human Development Report, 2006; 『환경 통계연감』, 2014)

300리터 이상의 물을 매일 사용한다.

1인당 하루 물 소비량은 각 나라의 생활 습관과 수자원 양에 따라 차이가 매우 크다. 미국 국민은 하루에 약 575리터의 물을 사용하는 반면, 물이 부족한 케냐 사람들은 하루에 겨우 50리터만을 사용한다.그림 3-2 우리나라는 1인당 340리터 정도의 물을 날마다 사용한다. 다른 나라들과 비교하여 적은 양은 아니다.

지구 전체로 보면 담수 자원은 모든 사람들이 사용할 수 있을 만큼 충분히 있다고 한다. 그러나 이 담수 자원이 지구 전역에 걸쳐 고르게 분포하지 않는 것이 문제이다. 세계 인구의 약 8%가 물 부족으로 심각하게 고통 받고 있다.

2007년 UN 보고서에 따르면 물 부유국은 캐나다, 노르웨이, 뉴질랜드 등이고, 이집트, 사우디아라비아 등의 북아프리카와 서아시아 국가들은 극도로 물이 부족한 나라이다. 한국은 사용 가능한 담수 자원이 1인당 연간 1,000~1,700m³로 물로 인한 스트레스를 받을 수 있으며, 시간과 장소에 따라 물 부족으로 고통 받을 수 있는 국가로 분류된다.

한국의 물 부족 사태

우리나라는 2015년 전반기에 한강 수계, 금강 수계의 용수 공급이 위태로울 정도로 심각한 가뭄을 겪었다. 특히 인구가 밀집되어 있는 수도권에 수돗물을 공급하는 한강 상류의 소양강댐과 충주댐이 거의 바닥을 드러내면서 많은 생활의 불편과 농작물 피해를 보기도 했다.

우리나라의 강우는 계절풍 기후의 영향으로 계절에 따른 편차가 크다. 지난 30년1980~2010년 기후 평균 자료에 따르면 총 강수량은 1,307mm이고, 그 중 약 50%가 여름철에 집중된다. 더구나 국토의 70%가 급경사의 산지로 이루어져 있어 집중호우가 내릴 때는 한꺼번에 흘러가 버린다. 여름철을 제외하고 강수량이 적은 계절에는 물 부족 현상을 겪을 수밖에 없는 상황이다. 그럼에도 우리나라의 하루

물 소비량은 물 부유국과 비슷한 수준에 이르고 있다.

한국의 연간 수자원 소비량은 1980년에서 2000년까지 꾸준히 증가했고, 그 이후로는 약 330억㎥로 일정하게 유지되고 있다.그림 3-3 물의 사용 용도에서는 농업용수가 가장 큰 부분을 차지한다.

세계적으로도 지구 상의 담수 중 75%가 농업에서 사용된다. 하지만 농업에서 물 사용의 효율성은 상대적으로 떨어진다. 특히 비효율적인 관개 방식은 물 손실의 가장 큰 요인 중 하나로 꼽힌다.

우리나라를 포함해 쌀을 주식으로 하는 동아시아 지역에서는 벼가 자라는 동안 논에 물을 저장한다. 이렇게 물을 많이 사용하는 논 때문에 귀중한 수자원이 비효율적으로 사용되고 있는 것일까?

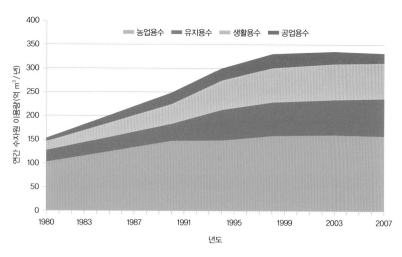

그림 3-3. 우리나라 연간 수자원 이용량(『환경통계연감』, 2014)

사실은 그렇지 않다. 논은 물을 정화하고 여름철에 집중적으로 비가 내리거나 홍수가 발생할 때 물을 저장하는 기능도 한다. 특히 최근에는 논이 산림 생태계와 수 생태계를 연결하는 중요한 매개 역할을 하고 있음이 새롭게 인식되고 있다.

우리나라에서 수자원을 보호하려면 논에서 농약 사용을 줄여 오염된 물이 하천으로 흘러들어 가는 것을 막고, 선조들이 해 왔던 것처럼 수 생태계와 논의 연결성을 높여 논이 가진 자연 정화 기능을 최대한 활용하는 것이 중요하다. 이와 더불어 농업용수의 효율성을 높이기 위한 방법으로, 관개 시설을 정비하여 필요한 장소와 시기에 물을 정확하게 공급할 수 있도록 해야 한다.

1980년 이후 농업용수의 이용량이 1.5배 증가했고, 생활용수 이용량은 4배나 증가했다. 인구 증가를 고려하더라도 일상생활에서 물 사용이 크게 늘어났음을 알 수 있다. 한마디로 한국인의 물 사용 생활 습관이 변화한 것이다.

이제는 거의 모든 가정에 상수도 시설이 보급되어 수도꼭지만 돌리면 물을 사용할 수 있게 되었다. 일주일에 한 번 정도 공중목욕탕에 가서 몸을 씻던 사람들이 오늘날에는 매일 집에서 샤워를 한다. 수세식 화장실이 일반화되면서 여기에 쓰이는 물의 양도 크게 늘어났다.

물을 정수하고 관리하는 데에는 많은 비용이 들어간다. 그러나 물이 경제재라는 생각을 하지 못하는 사람들이 많으며 대부분 물은 당연히 있어야 하는 것으로 생각한다.

우리나라뿐만 아니라 세계 대부분의 국가에서는 정부가 물값 보조 정책을 시행해 값싼 물을 사람들에게 공급한다. 그러나 생활용수의 효율성을 높이기 위해서는 물의 가격을 일정한 수준으로 높여 사람들의 인식을 변화시킬 필요도 있다고 생각한다.

물 부족 사태에 대비하여 강을 막아 댐이나 보를 만드는 정책도 펼치고 있다. 하지만 이러한 방법은 여름철의 녹조를 증가시키고 수질을 악화시키는 결과를 초래한다. 생태계에 큰 충격을 주는 방법을 선택하기보다는 사람이 생태계의 일부인 스스로의 위치를 깨닫고 주어진 수자원을 효율적으로 이용하기 위해 노력해야 할 것이다.

스스로 정화되지 않는 물

어릴 적 여름철에 가장 큰 즐거움은 동네 앞 개울에서 멱을 감는 것
이었다. 한여름 땡볕에서 시간 가는 줄 모르고 물장구를 치다 보면
등이 까맣게 타다 못해 나중에는 피부가 벗겨지기 일쑤였다. 송사리
를 잡는다 다슬기를 잡는다며 떠들썩하게 친구들과 놀다 보면 코와
입으로 개울물을 들이켜는 일도 자주 있었다. 그때는 한 번도 더럽다
는 생각을 하지 않았다.

얼마 전 어릴 때 살던 동네에 가 보았다. 친구들과 신나게 헤엄치
던 개울물은 겨우 발목이나 잠길 정도로 말라 있었고, 물에는 쓰레기
가 떠다녔으며, 그 많던 다슬기와 송사리는 찾아볼 수 없었다. 생각해
보면 예전에는 개울로 유입되는 오염 물질이 적었고, 반면 이를 정화

할 수 있는 물의 양이 많았기 때문에 개울물이 깨끗한 상태로 유지될 수 있었을 것이다.

물은 자연적인 정화 과정을 통해 오염 물질을 제거할 수 있다. 물리적 작용으로는 희석, 확산, 침전, 여과의 과정을 거치고, 화학적 반응을 통해 오염 물질이 다른 화학적 특성을 가진 물질로 변화하기도 한다.

특히 물속에 포함된 생 분해성 유기물은 미생물 활동으로 많은 양이 제거된다. 과도한 유기물은 물속에서 오염 물질로 작용하는데 미생물은 그 유기물을 이용하여 생존, 생장, 번식하면서 자연스럽게 오염 물질을 제거하는 역할을 한다. 그러나 강수량이 적은 지역에서는 오염 물질이 희석되거나 확산되기 어려워 물이 쉽게 오염될 수 있다. 더욱이 인구밀도가 높아 인간의 활동으로 인한 오·폐수 배출이 많거나, 하수처리 시설이나 수질 정화 시설을 마련하기 어려운 나라의 경우는 수질오염이 심각한 문제가 된다. 백만 명 당 수질오염에 의한 사망자 수가 500명이 넘는 나라는 대부분 가난한 아프리카나 남아메리카, 아시아 지역에 있다.그림 3-4

현대 인류는 물과 관련된 수인성 질병을 예방하고 박멸할 수 있는 충분한 지식을 갖추었다. 그러나 한편으로는 매년 2억 5,000만 건의 물과 관련된 질병이 발생하고, 그로 인해 대략 1,000만 명이 목숨을 잃는다. 이런 불행은 대부분 경제적 빈곤 때문에 발생하고 있다. 지구

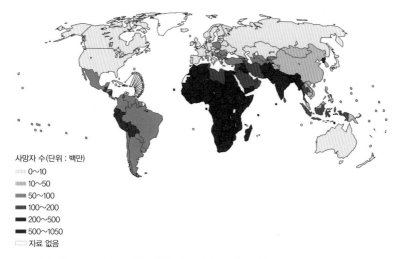

사망자 수(단위 : 백만)
0~10
10~50
50~100
100~200
200~500
500~1050
자료 없음

그림 3-4. 국가별 백만 명당 수질오염에 의한 사망자 수(http://www.who.int/heli/risks/water/water/en/)

의 한정된 에너지를 선점하고 이를 바탕으로 기술 진보를 이뤄 풍요

를 누리는 선진국들이 가난한 지역의 사람들과 그 풍요를 나눈다면

물의 오염 문제는 해결될 수 있지 않을까.

물빛이
왜 초록색이죠?

여름이면 녹색으로 변하는 강물

수질오염 물질은 우리 주변의 다양한 곳에서 발생한다.그림 3-5 대표
적인 수질오염으로는 부영양화를 들 수 있다. 이는 생활 하수, 축산
폐수, 과다한 비료 사용 등으로 인해 하천이나 호수에 질소나 인이
과도하게 유입되었을 때 발생한다.

특히 여름철에 수온이 상승하면 식물성플랑크톤 번식이 폭발적으
로 증가하여 녹조나 적조가 발생한다. 식물성플랑크톤이 과밀하게
성장하면 물속의 산소가 고갈되어 대부분의 수중 생물은 죽게 된다.
수중 생물의 사체는 혐기성 상태에서 분해되어 암모니아, 유기성 아
민, 황화합물 등을 만들어 악취를 발생시킨다.

부영양화를 막기 위해서는 적절한 처리 시설을 통해 하수를 정화

그림 3-5. 주요 수질오염 물질(『알기 쉬운 환경과학』, 2007)

하여, 영양염류가 물속에 유입되지 않도록 해야 한다. 강이나 호숫가에 식물을 심어 영양염류를 흡수하는 것도 도움이 된다.

우리나라의 4대강 즉 한강, 낙동강, 금강, 영산강에서 지난 10년 동안 총인T-P, total phosphorus 농도가 어떻게 변화했는지를 살펴본 연구가 있다. 그 결과를 보면 인구밀도가 높고 산업 시설이 많은 낙동강에서 총인 농도가 가장 높다.그림 3-6 2009년 이후 감소하고 있기는 하지만 여전히 총인 농도는 높다.

총인 농도는 식물성플랑크톤인 조류의 대량 발생 현상algal bloom과

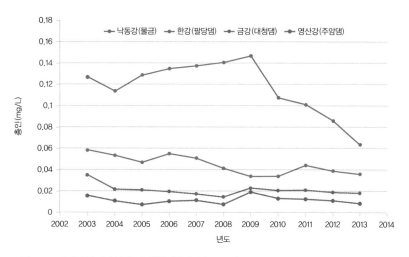

그림 3-6. 4대강의 연도별 총인 변화(『환경통계연감』, 2014)

관련이 높다. 여름철이면 언론에서 많이 보도되는 '녹조 현상'은 부영양화로 인해 늪, 호수, 유속이 느린 하천 등에 규조류, 남조류, 녹조류와 같은 식물성플랑크톤이 대량 번식하여 물빛이 녹색으로 변하는 현상을 말한다.

요즘은 과거에 비하여 인의 배출량이 급증하였다. 다양한 배출원이 있지만 가장 쉽게 볼 수 있는 인 배출원은 바로 일반 가정이다. 우리가 사용하는 각종 세제에는 인화합물로 만든 계면활성제가 포함된 경우가 많고, 세제를 사용하고 난 생활하수가 강으로 흘러들어 가게 되면 조류의 좋은 영양원이 된다.

조류는 엽록소를 가지고 광합성을 하기 때문에 어떤 면에서는 식물과 비슷하다. 육지에 식물이 없으면 태양에너지를 화학에너지로 전환할 수 없어 다른 생물들도 살아갈 수 없듯, 물속에서도 1차 생산자의 역할을 하는 조류가 없으면 다양한 생물들이 존재할 수 없다.

조류 중에서 가장 흔한 것이 규조류diatom 이다.그림 3-7 규조류는 유리 성분의 단단한 껍질이 있으며 원통형, 막대형, 뾰족한 모양 등 다양한 형태를 띤다.

녹조 현상이 발생할 때 문제가 되는 것은 남조류이다.그림 3-7 남조류는 시아노박테리아Cyanobacteria 라고 불리는데, 초기 지구에서 광합성을 통해 산소를 만들어 낸 고마운 존재이다. 그러나 이 남조류는 광합성을 하기 위한 빛과 질소, 인 등 영양염류나 수온과 같은 조건이 충족되면 빠르게 번식해서 녹조 현상을 일으킨다.

남조류가 대량 번식하면 사체도 많이 발생하는데 이들이 분해되는 과정에서 물속에 있는 산소를 고갈시킨다. 또한 일부 남조류가 만들어 내는 마이크로시스틴microcystin과 같은 물질에는 독성이 있어서,

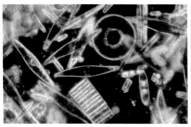
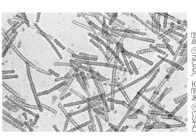

왼쪽 ©NOAA 오른쪽 ©CSIRO

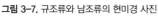
그림 3-7. 규조류와 남조류의 현미경 사진

그림 3-8. 낙동강 하류 본포 취수장의 녹조 현상(창원, 2012)

그 독성이 수중 동물의 내장에 축적되면 간에 손상을 준다. 결국 녹
조 현상이 일어나면 그 수중 생태계는 완전히 파괴되고 만다.

4대강 사업이라는 이름으로 한강, 낙동강, 금강, 영산강에 16개의
보가 완성된 2012년 여름에 녹조 현상에 대한 논란이 전국적으로
크게 일어났다. 환경 운동 단체들과 4대강 사업 반대 운동을 펼쳤던
학자들은 강의 곳곳에 대형 보가 들어서면서 강의 유속이 느려져 심
각한 녹조 현상이 발생했다고 주장했다.그림 3-8 반면 한편에서는 일
시적인 녹조 발생은 강수량 감소, 폭염, 일조 시간 증가 등 기상 요인
에 의한 것이라고 반박했다.

물을 다스리는 효과적인 방법

물은 흐르지 않고 고여 있으면 썩게 마련이다. 보로 인해 영양염류
가 축적되고 수온이 상승하면 조류가 발생하기 좋은 조건으로 변하
게 된다. 수질 개선의 측면에서 생각해 보면 물의 흐름을 막는 보의
건설은 득보다는 실이 많아 보인다. 미국에서는 이미 1912년부터 총
467개의 보와 댐을 철거하여 생태 통로를 확보하고 수질 개선을 위
한 노력을 하고 있다.

당시 정부에서 4대강 사업을 시작한 근거는 수질 개선, 홍수 대비,
수자원 확보 등이었다. 가뭄이 심했던 2015년, 4대강 보에는 물이
넘치지만 정작 필요한 곳에는 물이 공급되지 않는 일이 벌어졌다.

우리는 기후적 특성과 국토의 지형적 특성으로 거의 매년 홍수와 가뭄을 경험하고 있다. 농업국가인 우리나라에서는 모든 왕조의 첫 번째 관심사가 치수였다고 해도 좋을 만큼 물을 다스리는 일이 중요했다. 홍수 피해를 막고 농업용수를 효과적으로 관리하는 것은 왕의 중요한 업무였다.

예전 시골에는 마을마다 작은 저수지가 있었다. 과거에는 이곳에 물을 가두었다가 모내기 철이 되면 물을 방류하여 사용했다. 물이 빠진 저수지에 들어가 물고기를 바구니에 주워 담던 기억이 있다. 그러나 논이 줄어들고 농업용수를 저장할 필요가 없어지면서 이런 저수지도 점점 사라지기 시작했다.

과거 정부는 천문학적인 예산을 들여 4대강의 물길을 막아 많은 수자원을 확보했다고 하지만, 해마다 여름이면 조류로 뒤덮이고 그 속의 많은 생물들이 사라져 가고 있다. 홍수와 가뭄이 왔을 때 이 보가 얼마나 효과를 발휘하는지에 대해서는 많은 사람들이 의구심을 가지고 있다. 홍수와 가뭄에 대비하기 위한 실질적인 방법으로 국가 차원에서 관개시설을 효율적으로 관리 운영하고, 선조들이 했던 것처럼 마을 단위의 저수지를 활용해 농업용수와 생활용수를 확보하는 것도 하나의 대안이 될 것이다.

한국은 1년 가운데 대부분의 비가 장마 시기에 집중된다. 이 시기에는 비로 인해 토양이 유실되면서 물이 탁해지는 탁수* 현상이 빈번히 발생한다. 토양의 유실은 산불이나 벌채 같은 원인 때문에 산림 지역에서도 발생한다. 하지만 최근에는 강원도 고랭지 밭에서 토사의 유실이 심각하다. 특히 소양강 상류 지역인 인제, 양구군에 고랭지 채소밭이 180km²에 달하게 되면서 집중호우가 내리면 북한강 수계에 토사가 유입되어 여러 달 동안 강이 흙탕물로 변하게 된다. 또한 많은 퇴비와 비료를 사용하는 고랭지 채소밭이 늘어나면서 오염 물질이 다량 유입되어 수질오염을 유발하고 있다.

2006년에는 대형 태풍으로 인제군 지역에 산사태가 발생하면서 소양강댐에 285일 동안 탁수가 지속되었다.그림 3-9 탁수가 오래 지속되면 수중 빛 투과율이 낮아져 침수식물과 식물성플랑크톤의 생산성이 저하되고, 물고기의 생육에도 부정적인 영향이 일어난다. 시각에

그림 3-9. 집중호우로 인해 소양강댐에서 방류되고 있는 흙탕물(춘천, 2006)

의존해 먹이를 찾는 어류의 경우는 먹이를 찾는 능력이 떨어지고, 아가미에 점토가 부착되어 호흡 장애를 일으키는 어류도 많아진다. 토양 유실은 육상 생태계를 척박하게 만들 뿐만 아니라 물속 생물의 먹이연쇄까지 파괴시킬 수 있을 만큼 위험하다.

실제로 2006년 8월 북한강 수계 식생 조사를 나갔을 때 북한강이 온통 황토색으로 물들어 있는 것을 볼 수 있었다. 한강물환경연구소에 20년 넘게 근무한 관계자의 이야기에 의하면 예전에는 팔당호에 침수식물이 너무 많아서 배가 움직이기 힘들었다고 한다. 그러나 우리가 조사를 나갔을 당시에는 유속이 약한 일부 지역에만 적은 양의 침수식물이 자라고 있었다. 물론 그 침수식물에 알을 낳고 도피처를 마련하던 많은 수서곤충과 물고기들도 더불어 사라져 간 것이다.

깨끗한 물은 공기와 함께 생명체가 살아가는 데 가장 중요한 자원이기 때문에 수질 정화에 천문학적인 돈을 들이고 있다. 아직까지 정수 시설 대부분은 필터나 화학물질을 이용한 인위적인 방법을 사용하고 있지만 최근에는 수생식물을 이용한 자연적 수질 정화 연구가 많이 진행되고 있다.

한국농어촌공사의 연구 결과에 의하면 수생식물이 있는 인공 습지에서 총질소는 73%, 총인은 76%가 제거되었다고 한다. 이 중 수생식물이 질소, 인 등의 영양물질을 직접 흡수하여 제거하는 비율은 5~10% 이내로 적은 편이지만 수생식물의 뿌리가 물속 미생물에게

그림 3-10. 수생식물을 활용한 인공 식물섬(화천, 2013)

산소와 서식처를 제공하여 오염 물질을 효과적으로 처리할 수 있게
돕는다. 이뿐만 아니라 유속을 감소시켜 영양물질의 침전과 흡착을
돕는다.

최근에는 인공 식물섬을 만들어 좀 더 적극적으로 수생식물을 활
용하기도 한다. 그림 3-10 인공 식물섬은 물고기의 산란처가 되고, 물고
기의 먹이가 되는 플랑크톤이 풍부해 치어의 서식처가 되고, 새들이
둥지를 틀기도 한다.

깨끗한 물을 얻기 위해 정수 시설에만 의존하는 것은 한계가 있다.
생태계 전체가 살아나야 한다. 숲은 나무로 우거져야 하고, 농약과 비
료 사용을 최소화한 농지가 늘어나야 한다. 도시에서는 태양광, 풍력,
수력 등의 재생에너지* 사용을 늘리고, 쓰레기를 재활용하는 생활의
변화가 있어야 한다.

4

환경오염의
또 다른 얼굴,
기후변화

부메랑이 되어 돌아온 기후변화

인류가 짧은 시간에 번성할 수 있었던 이유는 다른 동물들처럼 오랜 진화의 시간을 거치면서 자신의 신체를 변화시키는 대신 환경을 변화시켜 왔기 때문이다. 생명 유지를 결정하는 중요한 환경 요인으로 기후를 들 수 있다. 인류는 기후 환경을 인류의 생물학적 번영에 유리하게 개량하면서 육체적 약점을 극복하고 생명을 유지해 올 수 있었다.

옷은 인류가 혹독한 기후 환경을 극복하기 위해 사용한 첫 번째 방법이다. 옷을 입으면서 인류는 신체와 접하는 미기후微氣候를 변화시켜 북극에서부터 고산지대까지 지구의 거의 전 지역으로 생활공간을 넓힐 수 있었다. 또한 인류는 불을 사용하고 가옥을 만들면서 자신을 중심으로 더 넓은 공간의 기후를 변화시키게 되었다.

초기에 기후를 바꾸려는 인류의 욕망은 생존을 위해서였다. 그런데 과학기술이 발전하면서 인간의 활동은 지구 전체의 기후를 변화시키고 있다. 변화된 기후는 부메랑이 되어 인류의 생존을 위협하는 단계에 이르렀다.

인간의 활동으로 기후변화가 일어나고 있다는 주장에 의문을 가지는 이들도 있다. 지구의 기온 상승을 과거에도 일어났던 주기적인 현상으로 간주하거나, 현재의 기온 상승은 인간 활동에 의한 것이 아니라 태양 활동의 변화에 의해 발생한 것이라고 주장하기도 한다. 하지만 IPCC 기후변화에 관한 정부간 협의체, Intergovernmental Panel on Climate Change 는 2만 9,000여 개의 자료를 분석한 결과 지구 평균기온 상승, 해양 온도 상승, 빙하의 감소, 해수면 상승에 근거하여 기후 시스템의 온난화가 명백하다고 보고하고 있다.

또한 태양 활동의 변화가 지구온난화에 기여하기는 했으나 그 영향은 그리 크지 않았고, 지구온난화의 주된 원인은 인간 활동에 의한 온실가스*의 영향인 것으로 보고하고 있다.

IPCC 5차 보고서에는 미래의 기후에 대해 네 가지 가설을 예상하고 있다. 가장 부정적인 가설은 현재와 같은 경제활동이 유지되어 2.1조 톤에 이르는 탄소가 배출되면 2100년에는 대기 중 이산화탄소 농도가 940ppm에 이르고, 평균기온이 평균 4.8℃ 증가할 것이며, 강수량이 6% 증가할 것이라는 예측이다. SRES A1B 시나리오에 기초해 우리나라의 미래 기후를 예측한 결과에 따르면 2055년에 연평균기온은 1.51℃ 상승하고, 연간 평균 누적 강수량이 76.7mm 증가하는 것으로 나타난다.

미래의 기후를 예측하는 데에는 많은 가정이 포함되기 때문에 오차가 클 수밖에 없다. 그러나 정도의 차이는 있지만 기후변화로 지구의 기온이 상승하고 강수량이 증가할 것이라는 점은 전문가들의 공통된 의견이다.

기후변화의 위협이 더욱 두려운 것은 기온 상승으로 인해 온실효과가 가속화되는 다양한 되먹임feedback 작용 때문이다. 첫째, 극지의 얼음과 눈이 녹고 토양이 드러나면서 태양 빛 반사율albedo이 낮아지면 더 많은 열을 흡수할 수 있다. 둘째, 습지, 툰드라의 영구동토층 등에 저장되어 있는 이산화탄소, 메탄이 방출되면서 온실가스에 의한 기온 상승이 가속화될 수 있다. 셋째, 가뭄 증가와 폭염이 계속되는 지역은 산불의 발생 빈도와 규모가 증가하게 되면서 막대한 양의 이산화탄소가 발생할 수 있다. 넷째, 해수의 온도가 상승하면서 이산화탄소가 녹는 양이 줄어들고 표층에서 심해로 이산화탄소가 저장되는 기능이 중단될 수 있다. 다섯째, 해수 온도 상승으로 심해 바닥에 저장되어 있는 메탄수화물methane hydrate이 대기로 방출될 가능성이 있다. 메탄수화물은 독도 주변 해역에도 6억 톤가량 매장되어 있다고 알려져 있다. 마지막으로, 기온 상승으로 수분 증발량이 증가해 대기 수증기가 열을 흡수하는 온실가스로 작용할 수 있다. 그러나 대기 수증기의 증가는 구름층을 형성하여 태양 복사열을 반사하면서 기온을 낮출 수도 있다.

이처럼 예측하기 힘든 다양한 변수가 있기 때문에 미래 기후변화를 예측하는 것은 무척이나 어려운 문제이다. 생태계는 변화가 일어나도 스스로 조절하는 능력을 가지고 있다. 그러나 만일 그 변화가 우리가 경험하지 못한 한계치를 넘어서게 되면 어떠한 재앙이 닥치게 될지 아무도 예상할 수 없다.

지구온난화를 몰고 온 **온실가스**

기후변화, 지구온난화에 관한 주제가 뉴스거리가 되면서 온실가스는 무조건 나쁜 것으로 많은 사람들이 인식하고 있다. 그러나 온실가스는 지구의 평균 기온을 생물이 살아가기 좋은 15℃로 유지시켜 주는 고마운 존재이기도 하다. 만일 온실가스가 사라진다면 지구 온도는 영하 18℃까지 내려가 인간이 살아가기 힘든 기후로 변하게 된다. 지구를 담요처럼 덮고 있는 온실가스에는 어떤 것이 있고, 왜 문제가 되는 것일까?

인간 활동에 의해 발생하는 대표적인 온실가스는 이산화탄소$_{CO_2}$, 메탄$_{CH_4}$, 아산화질소$_{N_2O}$, 불화가스$_{F\text{-}gases:\ HFC,\ PFC,\ SF_6}$ 등이다. 이들 온실가스는 자연적인 순환 과정에서 사라지는 것보다 많은 양이 배출되면서 문제가 되고 있다. 온실가스는 전체 대기 조성의 1%도 되지 않지만 지구가 방출하는 복사에너지를 흡수하여 지구의 기온을 높이는 역할을 한다. 온실가스가 지구온난화에 미치는 영향을 파악하기 위해서는 대기에서 전체 온실가스의 양이 얼마나 되는지, 배출된 온실가스는 얼마나 오랫동안 지속되는지, 얼마나 많은 복사열을 흡수하는지를 파악해야 한다.

이산화탄소는 열 흡수 능력이 다른 온실가스에 비해 약하지만 대기에서 차지하는 양은 가장 많다. 대기 중 이산화탄소의 양은 자연적인 흡수 및 방출 작용으로 균형을 이룬다. 실제로 남극의 호수를 덮고 있는 빙하 속의 기체를 조사한 결과 65만 년 동안 이산화탄소 농도는 200~300ppm으로 유지되었다. 그러나 2000년대에 접어들면서 380ppm으로 증가했다. 그 이유는 과거 수백만 년 전에 죽은 동식물이 변하여 생성된 화석연료석유, 석탄, 천연가스 등에 저장되어 있던 탄소가 인간의 과도한 사용에 의해 이산화탄소로 대기에 방출되어 균형이 깨졌기 때문이다.

이산화탄소 다음으로 큰 비중을 차지하는 온실가스는 메탄이다. 메탄은 천연가스의 주성분으로 산소가 없는 환경에서 유기물이 미생물에 의해 분해되면서 발생한다. 전체 양은 이산화탄소에 비해 4분의 1 정도로 적고, 대기 중에 남아 있는 기간도 약 12년으로 짧은 편이지만 이산화탄소에 비해 20배 이상 많은 복사열을 흡수한다. 과거

팔당호 식생 조사를 할 때 장화를 신고 유기물이 쌓여 있는 강에 들어가면 많은 양의 메탄이 방울방울 올라오던 기억이 있다. 이처럼 메탄은 유기물이 쌓여 있는 습지에서 많이 발생하기 때문에 과학자들은 동아시아의 논에서 많은 양의 메탄이 발생한다고 지적했다. 그러나 소나 양 등의 가축을 대량으로 사육하면서 이들이 풀을 먹고 장내 발효를 하는 과정에서도 상당량의 메탄이 발생하는 것으로 알려지고 있다. 젖소 두 마리에서 1년 동안 배출되는 메탄의 양이 자동차 한 대에서 1년 동안 배출되는 양과 비슷하다고 한다. 우리나라의 경우 메탄 배출은 벼 재배 면적이 줄면서 전체적으로 감소하고는 있으나 식생활의 변화로 가축 사육이 늘어나면서 장내 발효에 따른 메탄 배출 비율은 점차 늘어나고 있는 추세이다.

메탄은 우리가 버리는 쓰레기 처리 과정에서도 상당량 발생하는데, 총 발생량의 3분의 1이 폐기물 처리 과정에서 발생한다. 우리나라에서 발생하는 총 폐기물은 1993년 약 12만 톤에서 2008년 36만 톤으로 세 배나 증가했다. 폐기물은 매립, 소각, 재활용 과정을 통해 주로 처리된다. 폐기물을 매립하게 되면 토양오염과 함께 메탄이 발생해 문제가 된다. 인천에 있는 수도권 매립지에 갔을 때, 땅속에 묻힌 쓰레기에서 발생한 메탄을 배출하는 가스관에서 불꽃이 올라오는 것을 보고 놀란 적이 있다. 그 불꽃은 해가 지고 저녁 늦게 주로 보이기 때문에 도깨비불 같기도 하고, 텔레비전에서나 보던 석유나 천연가스를 시추하면서 나오는 불꽃 같기도 했다. 눈에는 보이지 않지만 우리가 버린 쓰레기에서 엄청난 양의 메탄이 발생한다는 사실을 실감했다.

우리나라에서 배출되는 폐기물의 상당 부분은 사업장에서 배출되는 폐기물과 건설 폐기물이 큰 비중을 차지하고 생활쓰레기는 5만 톤가량 된다. 생활쓰레기는 종량제 실시, 일회용품 규제, 시민들의 환경 문제에 대한 인식 증대로 조금씩 감소하고 있는 추세이다. 2008년 기준으로 우리가 1일 1인당 버리는 쓰레기는 0.94kg으로 OECD 평균의 3분의 2 수준이다. 또한 재활용률이 계속해서 증가하고 있어 2008년 기준으로 생활쓰레기 재활용률은 80%가량 된다. 처음 쓰레기 분리수거가 시작되었을 때는 번거롭다며 불만도 많았지만, 이제는 대부분의 사람들이 당연한 것으로 여기고 있다. 환경보호를 위한 이러한 변화가 조금씩이나마 계속되어야 할 것이다.

아산화질소는 산업 공정, 농경지에서의 과도한 비료 사용과 가축 분뇨 처리 과정에서 상당량 발생한다. 대기 중에 머무르는 기간은 110년 가량이고 이산화탄소에 비해 300배 이상 많은 복사열을 흡수한다. 우리나라에서는 1990년 이후 12년 동안 50%가량 증가했으며 전 지구적으로도 증가 추세에 있다.

불화가스는 인공적으로 만들어진 가스로 오존층 파괴 물질인 염화불화탄소를 대체하기 위해 개발되었다. 그러나 공교롭게도 지구온난화에 큰 영향을 미치고 있다. 주로 냉장고 냉매나 반도체와 액정디스플레이 생산과정에서 발생하며 전체 양은 미미하지만 1,000년 이상 지속되고 이산화탄소에 비해 많게는 2만 배 이상 많은 복사열을 흡수한다. 우리나라는 냉매를 사용하는 냉장고, 에어컨 등의 가전제품 사용 증가와 세계적인 반도체 및 디스플레이 산업 국가로서 육불화황 SF₆ 사용이 늘어나면서 불화가스 배출이 크게 증가하고 있다.

2012년 우리나라 인구 1인당 배출하는 온실가스는 13.8톤 CO_2eq.*으로 나타났으며 1990년에 비해 총 배출량과 인구 1인당 배출량이 두 배 가까이 증가했다.그림 4-1 전 세계적인 온실가스 배출량과 비교했을 때 온실가스 배출량의 증가 속도가 빠르며, 산업 활동

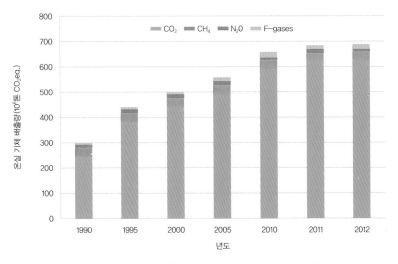

그림 4-1. 우리나라 온실가스 배출량 변화(『국가온실가스 인벤토리 보고서』, 2014)

으로 인한 이산화탄소와 불화가스의 비율이 상당히 높다. 대륙별로 비교했을 때, 유럽이나 북미 선진국의 경우에는 1990년 이후 전체 온실가스 배출량에 큰 변화는 없으나 개발도상국이 많은 아시아 지역은 크게 증가했다.

온실가스의 주된 배출 요인은 에너지 생산과정에서 발생한다. 1990년 이후 에너지 사용이 점점 증가하면서 전체 온실가스 배출도 30% 이상 증가했다. 특히 산업공정120%과 수송70% 부분에서 크게 증가했다. 경제 발전이 최우선 순위가 되면서 온실가스 배출을 줄여야 한다는 목소리는 뒷전으로 밀려난 것이다.그림 4-2 또한 온실가스

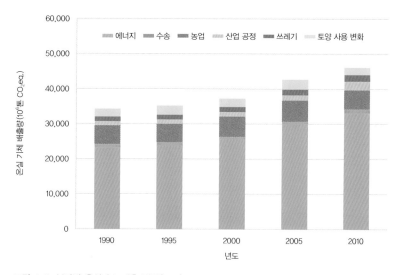

그림 4-2. 분야별 온실가스 배출 변화(EPA's Climate Change Indicators in the United States: www.epa.gov/climatechange/indicators)

배출이 없는 태양광, 풍력, 수력, 지열 등을 활용한 에너지 생산 비중은 비용과 효율성 문제로 크게 늘어나지 않았다. 인간의 활동에 의해 한 번 배출된 온실가스는 쉽게 사라지지 않고 지구 복사열을 계속해서 흡수한다. 온실가스를 현재 수준으로 유지하거나 줄여 나간다 하더라도 온난화는 수백 년 가까이 지속될 것으로 예상하고 있다.

기후변화로 고통 받는 생태계

생물은 특정한 기후 환경에서 오랫동안 생활하면서 적응해 왔다. 북극에 사는 북극곰은 저온의 환경에 내성을 키워 왔고, 열대에 사는 사자와 얼룩말은 고온에 내성을 가지고 있다. 식물도 마찬가지이다.

생물은 서식처의 환경이 자신이 가진 내성의 범위를 넘어서면 서식 범위와 생체주기가 변화된다. 그리고 서서히 형태 및 유전적 변화가 생길 수도 있다. 만약 기후 환경의 변화 속도가 생물이 적응해 가는 속도보다 빠르게 진행되면 많은 생물들이 사라질 수밖에 없다.

예를 들어 1만 8,000년 전 지구의 기온이 낮았던 시기에 가문비나무 숲은 북미 오대호 남부 지역까지 분포했다. 이후 지구의 기온이 상승하면서 가문비나무 숲은 북쪽으로 이동하여 미국에서는 거의 사라졌다. 유럽에서 35종의 나비 서식처를 분석한 결과 20세기 동안 22종의 서식지가 35~240km 북쪽으로 이동한 사례도 있다.

기후는 생명 활동과 유지에 광범위하게 영향을 미치는 환경 요소이다. 기후변화가 지속된다면 생태계도 치명적인 손상 또는 변화를 겪게 된다. 지구온난화로 빙하가 녹게 되면서 해수면이 상승하게 되면 이로 인해 연안 저지대 범람, 담수 습지 또는 강으로의 해수 유입, 해안 침식 등이 일어나면서 연안 생태계에 큰 변화가 일어날 것이다. 또한 해양의 수온과 염도가 변하면서 해양 생태계에 큰 변화가 생길 수 있다. 바다 표층수의 온도가 상승하게 되면 양분을 많이 가지고 있는 심층수와 섞이기 어려워져 식물성 플랑크톤의 생산량이 감소할 수 있다. 식물성플랑크톤이 감소하면 어획량이 감소하고 생태계 먹이사슬에 영향을 주게 된다. 또한 더 많은 이산화탄소가 녹아 해수가 산성화된다면 갑각류와 산호초의 생존에 치명적인 영향을 줄 수도 있다.

담수 생태계에서는 수온이 상승하면서 식물성플랑크톤과 수질이 변하게 된다. 최근 문제가 되고 있는 녹조 현상도 봄철 기온 상승과 강수량이 감소면서 더욱 심각한 문제가 되고 있다. 그리고 부레옥잠, 물상추 등의 난대성 수생식물과 난대성 외래 어종의 정착으로 우리나라의 토종 동식물은 점점 줄어들 가능성이 높아지고 있다. 무엇보다 생태계에서 중요한 역할을 하는 습지에 큰 변화가 올 수 있다. 습지는 일정 기간 혹은 항상 물을 담고 있는 지역으로 강수량 감소와 증발량 증가로 점차 면적이 줄고 있다. 툰드라의 이탄 습지는 지하의 땅이 녹아 물이 지하로 빠져나가면서 말라 가고, 아열대 지역의 습지는 강수량이 줄어들면서 사라지고 있다. 연안 습지도 해수면 상승으로 사라질 위기에 처해 있다. 습지는 전체 육지의 3% 정도로 비교적 좁은 면적을 차지하고 있지만, 생산성이 높고 다양한 생물들이 살아가는 터전이다. 특히 육지가 가지고 있는 탄소의 30% 이상을 저장하고 있어 탄소 저장고의 역할을 하고 있다. 습지가 사라진다면 저장되어 있는 탄소가 한꺼번에 배출되면서 기후변화를 가속화시킬 수도 있다.

숲에서는 나무의 출아 및 개화 시기가 점점 빨라지고, 난대성 동식물은 점점 고위도 혹은 해발고도가 높은 곳으로 확산되고 있으며, 기후변화에 적응하지 못하거나 종 간 경쟁에서 밀린 일부 종은 사라지고 있다. 우리나라의 경우도 일부 수종의 쇠퇴가 관찰되고 있다. 특히 낮은 고도에서 자라던 온대성 식물의 서식처가 확장되면서 기존의 고산식물이 경쟁에 밀려 사라질 위기를 맞고 있다.그림 4-3 더 이상 이동할 곳이 없는 고산대, 아고산대, 도서 지역 생물은 기온이 상승하면 이동할 통로나 피난처를 찾지 못하고 멸종할 가능성이 높다.

특히 우리나라 특산종으로 IUCN세계자연보전연맹, International Union for Conservation of Nature 멸종 위기종 적색 목록에 등재되어 있는 구상나무

그림 4-3. 기후변화로 멸종 위기를 맞고 있는 아고산 식물인 시로미와 눈향나무(한라산, 2015)

그림 4-4. 죽어가는 한라산 구상나무(한라산, 2015)

에 대해서는 관심을 가져야 한다.그림 4-4 위성 영상과 항공 자료를 분석한 결과, 지리산 구상나무는 1981년 이후 27년간 18%가 감소했고, 한라산에서는 1988년 이후 15년간 35%가 감소했다는 보고가 있다. 특히 기온이 상승하면서 조릿대의 분포가 확장되어 구상나무의 치수묘목, sapling 발생을 방해하기도 한다.

기온에 민감한 생물의 경우, 기후변화로 인해 생활사에서 주기적으로 일어나는 생물 계절 현상에 변화가 오고 있다. 식물의 개화 시기가 앞당겨지거나 동물의 짝짓기 시기와 이동 시기가 변하고, 일부 파충류의 경우 수컷의 비율이 낮아져 멸종 위기에 처하기도 한다. 식물의 번식을 좌우하는 수분 매개체와 식물 사이에서 상호 관계에 불일치가 일어나면서, 종이 멸종할 가능성까지 있다.

기후변화에 적응하지 못한 토종 생물이 사라진 지역에는 번식력이 강한 외래종이 자리를 잡는다. 하천을 따라 빠르게 번지고 있는 가시박의 경우 기후변화에 따른 인한 잦은 홍수로 더욱더 빠르게 확산되고 있다. 가시박은 북미에서 건너온 덩굴성 외래 식물로 성장 속도가 놀랍도록 빨라서 작은 초본뿐만 아니라 큰 나무를 타고 올라가서 빛을 차단해 죽게 만든다. 낙동강 상류 하천 변과 한강 밤섬을 온통 덮고 있는 가시박은 멈출 줄 모르고 번식하는 암 덩어리처럼 보인다. 돼지풀, 환삼덩굴과 같은 외래종은 가을철 알레르기를 일으키는 꽃가루를 만들어 내기도 한다. 더욱이 기온 상승과 이산화탄소 증가로 알레르기를 유발하는 단백질의 농도가 증가한다는 보고도 있다. 기후변화로 주택가와 공원에 이러한 외래종이 늘어나면 우리는 해마다 알레르기로 고통을 겪게 될 것이다. 한 번 정착한 외래종을 인간의 힘으로 제거하기 위해서는 막대한 비용과 노력이 든다. 때로는 망초나 환삼덩굴과 같이 광범위하게 퍼져 제거가 불가능해질 수 있다. 기후변화로 외래종이 더욱 빠르게 늘어나게 된다면, 오랜 세월 우리 식탁에 오르고 예술 작품의 소재가 되었던 토종 동식물을 책에서나 보게 될 날이 올지도 모른다.

기후변화를 실감할 수 있는 지역은 눈과 얼음으로 덮여 있는 극지이다. 기후변화로 북극은 지구의 다른 지역에 비해 두 배 이상 빠른 속도로 온난화가 진행되고 있다. 20세기 초와 비교하면 북극 기온이 3℃ 가까이 상승했다. NOAA의 관측에 따르면 북극의 얼음 면적은 10년마다 평균 13.4%씩 줄어들고 있다고 한다. 북극은 눈과 얼음으로 덮여 있어 태양 빛 반사율이 지구의 평균인 30%보다 세 배 가까이 높다. 그러나 눈과 얼음이 녹으면서 기온 상승의 직접적인 원인이 되고 있다.

2009~2011년 킹조지섬King George Island의 육상식물 연구를 위해 남극 세종기지를 방문했었다. 기온이 높은 날이면 마리안 소만의 빙벽이 천둥 같은 소리를 내며 무너지는 것을 여러 번 본 적이 있다.그림 4-5 실제로 1956년부터 2006년까지 마리안 소만으로 뻗어 있는 빙하가 1.7km나 줄어들었다. 육지의 얼음이 녹아 토양이 드러나고, 기온 상승으로 생육이 가능한 기간이 길어지면서 현화식물인 남극좀새풀은 1990년 이후로 세종기지 주변에서 빠르게 퍼져 나가고 있다. 다산기지가 있는 스발바르 제도Svalbard Islands의 빙하 면적도 1950년 이후 10년마다 9%씩 사라지고 있다.그림 4-6 북극 다산기지 주변 식물은 위도가 낮은 유라시아 대륙에서 유입된 식물이 번식하면서 극지 토착 식물, 추운 지역에서 잘 살아가는 이끼와 지의류의 서식 면적이 줄어들고 있다. 북극을 대표하는 포유류인 북극곰은 북극 바다의 얼음이 감소하면서 물개를 사냥하지 못해 새끼 북극곰의 생존율이 급감하고 많은 수가 굶어 죽고 있다.

그림 4-5. 남극 킹조지섬 세종기지 마리안 소만의 빙하(킹조지섬, 2011)

그림 4-6. 북극 스발바르 제도 다산기지 주변의 빙하(스발바르 제도, 2014)

마지막으로 기후변화로 위도 20~30도 부근의 사막 지역에서는 강수량이 감소해 사막화가 가속화되고 있다. 미래 기후 예측에 의하면 지금의 사막 지역은 강수량이 계속 감소할 것으로 예상된다. 고위도 지역의 기온 상승으로 고위도와 저위도 사이의 대기 순환이 줄어들면서 수증기를 운반할 원동력이 줄어들기 때문이다. 사막화는 강수량 감소와 초원 지대의 무리한 방목으로 더욱 빠르게 진행되고 있다.

사막이 없는 우리나라도 몽골과 중국의 사막화로 막대한 피해를 입고 있다. 바로 봄철이면 어김없이 불어오는 황사다. 황사 문제 해결을 위해 한·중·일 과학자들과 함께 중국 내몽골 후룬베이얼 지역을 방문한 적이 있다. 중국 정부는 사막화를 막기 위해 인공 조림을 하고, 방목을 제한하는 등 다양한 노력을 하고 있었다.그림 4-7 그러나 한 번 훼손된 지역을 다시 복구하는 것이 쉽지 않아 보였다. 강수량이 감소하고, 기온 상승으로 토양에서 수분 증발량이 증가하면서 토양은 쉽게 메말라 갔다. 무엇보다 중국인의 식생활이 육식을 선호하는 방향으로 바뀌면서 양과 소를 방목하는 수는 더욱 늘어나고 있었다.그림 4-8

예전에 한국교육방송EBS에서 제작한 몽골 지역 사막화 관련 다큐멘터리를 통해 몽골에서도 기후변화와 과도한 방목으로 사막화가 진행되고 있다는 사실을 알게 되었다. 사막과 가까운 반건조 지역은 회복력이 약해 작은 기후변화나 인간의 간섭으로도 돌이킬 수 없는 상태로 파괴될 수 있다. 다큐멘터리에서 소와 양을 기르던 초지가 모래

그림 4-7. 복원 사업 중인 중국 내몽골 반건조 지역(내몽골, 2013)

그림 4-8. 중국 내몽골 초원에서 방목하는 소 떼(내몽골, 2013)

땅으로 바뀌면서 삶의 터전을 잃고 도시에서 비참한 생활을 하는 사람들의 모습을 보았다. 참으로 안타까운 마음과 함께 어쩌면 그것이 미래의 우리 인류 전체의 모습이 되지 않을까 두려운 생각도 들었다. 단기간에 모든 것을 가지려고 하는 인간의 어리석음과 욕심으로 인해 삶의 터전을 완전히 잃을 수도 있다는 것을 기억해야 한다.

기후변화는 장기적인 이산화탄소 증가와 기온 상승만 의미하는 것이 아니다. 2000년대에 접어들면서 폭염과 한파, 홍수와 태풍 등의 빈도와 강도가 점점 증가하고 있다. 2000~2005년 사이 전 세계적으로 극한 기상 현상으로 인한 사망자 수가 10만 명을 넘었다. 2003년 여름 인도와 파키스탄에서 50℃ 이상의 폭염으로 1,500명이 사망했다. 2006년 에티오피아, 케냐, 소말리아에서는 오랜 가뭄으로 1,700만 명이 식량 부족으로 고통 받았다. 모두 기후변화로 인한 결과들이다.

대부분의 기후 모델에 따르면, 이러한 극한 기상 현상의 빈도와 강도가 앞으로도 증가할 것이라 예측하고 있다. 생태계도 극한 기상 현상의 영향을 받을 수밖에 없다. 한라산에서 진달래밭 대피소를 지나 정상까지 오르다 보면 쓰러진 구상나무를 쉽게 발견할 수 있다. 최근 빈도가 잦았던 강한 태풍이 한라산 구상나무의 고사 원인으로 지목되고 있다.

기후변화와 환경오염의 상승효과

기후변화가 진행되면 환경오염 물질이 인간과 생태계에 미치는 영향
은 어떻게 변할까? 기온이 상승하게 되면 천식이나 심폐 질환을 일
으키는 대기오염 물질의 부정적인 영향이 증가하게 된다.

배출된 오염 물질이 대기 중에서 혼합될 수 있는 지상으로부터의
최대 높이를 혼합고mixing layer height 라고 한다. 혼합고가 낮아지면 대
기오염 물질의 확산이 원활하게 이루어지지 못한다. 기후변화로 대
기 순환이 감소하고 혼합고가 낮아지면 오염 물질이 지표면에 농축
되는 현상이 발생한다.

미래 기후 예측에 따르면 우리나라 평균 혼합고는 남한의 경우 평
균 24m 낮아질 것으로 예상하고 있다. 대기오염 물질 농도가 현재

수준에 머무르더라도 우리가 접하는 대기질은 더욱 악화될 것이라는 이야기이다.

대기오염을 예측하는 데에 이웃나라 중국의 영향을 무시할 수 없다. 미래 기후변화와 중국의 오염 물질 배출량을 고려한 모델에서 이산화황의 양은 어느 정도 감소하지만 질소산화물과 미세먼지의 양은 두 배 가까이 증가할 것으로 전망하고 있다.

인구가 밀집한 대도시의 경우 미래의 기후변화로 기온 상승과 도시의 열섬 효과가 더해지면서, 여름철 지표면에 오존 농도가 증가하여 심각한 피해를 입게 될 가능성도 크다. 성층권의 오존은 태양의 자외선을 차단해 생명을 보호하는 고마운 존재이다. 하지만, 자동차 배기가스와 공장 매연에서 발생하는 질소산화물과 휘발성 유기화합물 voc이 강한 햇빛과 고온의 날씨에서 화학반응을 일으켜 생성되는 지표면의 오존은 생물에게 치명적일 수 있다.

기후변화로 인해 기온이 높고 일사량이 많은 날이 지속되고 대기가 정체되면, 오존의 발생은 크게 증가할 수밖에 없다. 오존에 지속적으로 노출되면 폐에 심각한 손상이 일어나고, 기관지염이나 심장 질환도 발생한다. 또한 지표면의 오존은 식물 성장에 악영향을 미치고 엽록소를 파괴하기도 한다. 적외선을 흡수하여 기온 상승도 가속화한다.

중국을 포함해 급격한 경제성장을 하고 있는 아시아 국가에서는 오존의 증가가 이미 심각한 환경 문제로 대두되고 있다. 우리나라도 1990년대 이후 도시화가 가속화되면서 대도시를 중심으로 오존 농도가 증가하는 추세이다. 오존을 일으키는 원인 물질인 질소산화물을 줄이려는 노력이 계속되고 있지만, 아직까지 이 물질이 다른 대기 오염 물질에 비해 감소하는 추세가 나타나지는 않고 있다.

한편, 기후변화는 미래 수자원의 이용에도 영향을 미칠 수 있는 중요한 요인 중 하나가 된다. IPCC 5차 보고서에 따르면 온실가스를 감축하려는 노력 없이 현재와 같은 상태가 지속된다면 미래에는 전체적인 강수량이 6%가량 증가할 것이라고 한다.

강수량이 증가한다고 해서 우리가 이용할 수 있는 물의 양이 늘어날 것이라고 단정하기는 어렵다. 기온이 상승하면 지표수가 더 빨리 증발해 사용할 수 있는 물이 감소하고, 지역에 따른 강수 편차가 커져서 어느 곳은 극심한 가뭄으로 고통 받고 다른 곳은 홍수로 피해를 입는 현상이 나타날 수 있다. 집중호우의 빈도와 강도가 증가하면서 산사태와 침수 피해가 일어나고, 그로 인해 빗물이 빠르게 바다로 유출되면 비가 오지 않는 기간 동안의 가뭄 피해는 더 커질 것이다. 해안이나 섬 지역은 빙하가 녹으면서 해수면이 상승해 거주지가 침수되고 담수의 염분 농도가 증가하여 사용할 수 없게 될 수도 있다. 고산 지역은 빙하가 녹아 안정적인 담수 공급이 중단되어 더 이상 사람이 살 수 없게 될지도 모른다.

수자원을 아끼고 깨끗하게 유지하려는 노력을 게을리한다면, 가까운 미래에 기후변화로 인한 부정적인 영향이 더해져 심각한 물 부족 사태를 맞이하게 될 것이다. 특히 건조 지역에 위치한 개발도상국들은 수자원을 효율적으로 관리할 수 있는 기술이 부족하여 생존에 큰 위협을 받게 될 것이다.

기후변화를 막기 위한 **노력**

1997년 합의된 교토 의정서는 주요 온실가스 일곱 가지를 정의하고 온실가스 감축 목표를 세웠다. 그러나 온실가스 감축 목표치는, 온실가스 배출량이 크게 늘어나고 있는 중국, 인도 등의 개발도상국을 제외한 선진국에만 부여되었다. 이후 경제 발전에 걸림돌이 될 수밖에 없는 감축 목표치에 반대하여 미국의 비준 거부, 캐나다의 탈퇴, 그리고 일본, 러시아, 뉴질랜드의 기간 연장 불참으로 사실상 성과를 거두지 못했다.

　2015년 12월에 채택된 파리 협정은 195개 당사국 모두에 의무를 부과했다. 지구 평균온도의 상승폭을 산업화 이전 대비 이번 세기말 2099년까지 2℃보다 '훨씬 낮게' 제한한다는 목표를 세우고 있다. 온실가스를 오랜 기간 배출해 온 선진국이 많은 책임을 지고 개발도상국의 기후변화 대처 사업에 2020년 이후 매년 최소 1천억 달러를 지원하기로 했다.표 4-1

우리나라는 교토 의정서 당시에는 감축 의무가 부과되지 않았으나, 이후 경제 발전과 온실가스 배출 증가로 인해 2015년 6월에 2030년 배출 전망치 대비 37% 감축이라는 목표치를 제시했다. 온실가스 배출을 제한하는 것은 분명 화석연료를 이용해 에너지를 생산하고 소비하는 지금과 같은 경제 체제에서는 큰 장벽일 수밖에 없다. 그러나 파리 협정을 얼마나 성실히 수행하는가는 인류의 생존을 결정할 수 있는 마지막 기회일 수 있다. 화석 에너지 소비 중심의 산업 체질을 개선하는 것이 가장 시급한 문제이다. 우리나라의 태양광, 풍력, 수력, 지열 등의 재생에너지 비중은 1.1%로 OECD 평균 9.2%에 비해 크게 모자란다. '저탄소녹색성장기본법'이 만들어지면서 이산화탄소 배출을 줄여야 한다는 목소리는 컸지만, 실제 경제성에 밀려 원자력, 화석연료를 이용한 발전만 확대하고 재생에너지 개발에는 소홀했다.

2008년 개봉한 「지구가 멈추는 날」이라는 영화가 있다. 인간에 의해 파괴되는 지구를 구하기 위한 최후의 방법으로 인간을 모두 없애겠다는 계획을 가지고 외계인이 오면서 이야기가 시작된다. 우리 인간의 입장에서는 너무도 가혹하고 터무니없는 이야기일 수 있다. 그

표 4-1. 교토 의정서와 파리 협정 비교(『월간 마이더스』, 2016)

	교토 의정서	파리 협정
대상 국가	• 주요 선진국 37개국	• 195개 협약 당사국
주요 내용	• 기후변화의 주범인 주요 온실가스 정의 • 온실가스 총 배출량을 1990년 수준보다 평균 5.2% 감축 • 온실가스 감축 목표치 차별적 부여 • 선진국에만 온실가스 감축 의무 부여 • 미국의 비준 거부 • 일본, 러시아, 뉴질랜드의 기간 연장 불참	• 지구 평균온도의 상승폭을 산업화 이전과 비교해 2℃보다 작게 제한하며, 1.5℃까지 제한하는 데 노력 • 선진국과 개도국 모두 책임을 분담하며 전 세계가 기후 재앙을 막는 데 동참 • 온실가스를 오랜 기간 배출해 온 선진국이 많은 책임을 지고 개도국의 기후변화 대처를 지원 • 협정은 구속력을 가지며 2030년부터 5년마다 당사국이 탄소 감축 약속을 지키는지 검토
한국 의무사항	• 감축 의무 부과되지 않음	• 2030년 배출 전망치 대비 37% 감축

러나 지금처럼 멈출 줄 모르고 지구의 자원을 소비하고, 이로 인해 전 지구적인 기후변화가 가속화된다면 외계인의 말처럼 우리는 지구와 함께 자멸할지도 모를 일이다.

환경문제의 첫 번째 특징은 공간적으로 한 개인이나 한 나라가 해결할 수 없는 전 지구적 규모의 문제라는 점이다. 두 번째 특징으로, 발생하는 각 문제들이 독립적으로 존재하는 것이 아니라 복잡하게 관련성을 맺고 있다는 점을 들 수 있다.

이러한 환경문제를 극복하기 위한 가장 큰 난관은 너무 많은 인구이다. 세계의 인구가 10억 명 정도로 줄어들지 않으면 전 지구적인 환경문제를 해결하는 것은 힘들 것이라는 보고도 있다. 그러나 70억이 넘는 인구가 10억으로 줄어들기를 기대할 수는 없는 일이다.

환경문제를 극복하기 어려운 두 번째 이유로 국가별 빈부 격차를 들 수 있다. 선진국의 경우 지구의 많은 에너지를 선점하고 앞선 기술로 환경오염 문제를 해결해 나가고 있다. 하지만 개발도상국의 경우 환경오염을 해결할 여력이 없다. 개발도상국에서는 자연의 개발이 인간의 생존과 직결되는 문제이기 때문이다. 선진국의 환경보호론자들은 원시림을 개발하면 안 된다고 주장하고 있지만, 현지에서 정착해서 살아가는 거주민들에게는 그런 주장이 현실을 모르는 이기적인 외침으로 들릴 수 있다.

이러한 모순을 극복할 수 있는 차선책은 아름다운 경관과 생태계를 관광자원으로 개발하는 것이다. 환경을 파괴하는 개발보다 사람들을 불러 모아 관광자원으로 개발하는 쪽이 더 큰 돈벌이가 된다면, 생태계를 보전하고 거주민들의 삶도 꾸려 나갈 수 있을 것이다.

생태계가 회복 가능한 한도에서 자연이 주는 산물을 다양하게 이용하는 방법도 관광자원이 없는 지역에서는 도움이 될 것이다. 예를 들어 산나물, 버섯 등의 채집을 무조건 금지하기보다 지역민들에게 채집을 허용하고 대신 환경 보전의 책임을 지우는 것이다.

1992년 브라질 리우데자네이루에서 개최된 지구정상회의Earth Summit에서 의제21Agenda21이라는 이름으로 21세기 지속 가능한 발전Sustainable development을 위한 행동 계획을 발표했다. 이후 사회 여러 곳에서 지속 가능한Sustainable이라는 용어가 유행처럼 사용되었다. 지속

가능한 발전을 위해서는 사회경제 시스템의 전환이 필요하다. 모두가 인식하고 있듯이 과거와 같은 끊임없는 소비를 통한 발전에는 한계가 있다.

우리는 100년 넘게 지구가 품고 있는 자원과 에너지를 개발하고 이를 소비하여 지금의 문명을 이룩했다. 하지만 일방적인 개발과 에너지 소비로 인해 환경 재앙과 지구온난화를 초래하게 되었다. 미래에 우리 후손들이 맑은 공기와 물을 마시며 살아가기 위해서는 자원을 반복적으로 순환해서 사용하는 사회경제 시스템을 만들어 가야한다.

우리나라는 세계 10위권의 경제 대국으로 성장했다. 이 과정에서 금수강산이라고 불리던 자연은 큰 상처를 입게 되었다. 경제개발이라는 명목으로 산을 깎고, 갯벌을 메우고, 물길을 막아 왔다. 무분별한 소비로 쓰레기는 날이 갈수록 늘어나고, 2천만 대나 되는 자동차가 거미줄처럼 뻗어 있는 도로 위를 달리고 있다. 이제는 오랜 세월 동안 물질 순환 과정을 통해 자원을 순환하여 사용해 온 자연을 배워야 한다.

우리나라는 과거 경제개발에 우선 순위를 두고 환경 파괴를 묵인해 왔던 것이 사실이다. 환경오염으로 인한 더 큰 대가를 지불하기 전에 시급히 인식을 바꿀 필요가 있다. 이웃 국가와 긴밀하게 협조하면서 기후변화, 대기오염, 황사 문제 같은 전 지구적 환경문제를 해결해 나가야 한다.

우리에게는 자연과 인간이 함께 공존할 수 있는 방법을 찾는 지혜가 필요하다. 더불어 환경문제는 지구가 주는 소중한 자원에 기대어 살아가는 우리 모두에게 책임이 있다는 인식 변화와 작은 실천들이 모아져야 한다.

기후변화 climate change
일정 지역에서 장기간에 걸쳐 진행되고 있는 기후의 변화로 태양복사 에너지의 변화와 같이 지구 외적인 요인에 의해서 일어나기도 하고, 인간의 활동 또는 자연적 요인에 의해 대기 조성이 변화되면서 일어나기도 한다.

녹조 water bloom
질소, 인 등의 영양물질이 많이 존재하는 수역에서 수온이 올라가고 물의 흐름이 느려지면서 남조류가 대량 증식하여 물색이 녹색으로 변하는 현상이다. 녹조 현상이 발생하면 수중 생물이 죽어 생태계가 파괴된다.

대기오염 air pollution
인위적·자연적으로 방출된 오염 물질이 대기 중에 과다하게 존재하여 대기 성분이 변화하고, 그 질이 악화되어 생물이나 환경에 나쁜 영향을 주는 상태

물질 순환 cycle of material
생태계에서 생물들 사이 또는 생물과 비생물과의 사이에서 물질이 순환하는 과정을 체계화한 것으로 생산자에 의해 태양에너지가 화학에너지로 전환된 유기물이 생산되고 먹이연쇄를 통해 소비자로 옮겨 가고 분해자에 의해 다시 무기적 환경으로 되돌아가는 과정

미세먼지 particulate matter
직경 $10\mu m$ 이하의 입자상 물질로 대기 중에 오랫동안 떠다니거나 흩날린다. 지름이 $10\mu m$ 이하의 미세먼지(PM10)와 지름이 $2.5\mu m$ 이하의 초미세먼지(PM2.5)로 나뉜다. 장기간 미세먼지를 흡입하면 면역력이 저하되고 각종 호흡기 질환에 걸리게 된다.

부영양화 (富營養化) eutrophication
강, 호수, 바다 등의 수중 생태계에 생활하수, 산업 폐수, 가축 배설물이 유입되어 물속에 질소와 인과 같은 영양물질이 많아지면서 조류(algae)가 급속하게 증식하는 현상

산성비 acid rain
황산화물, 질소산화물 등의 대기오염 물질이 빗물에 녹아 일반적으로 pH가 5.6 미만
인 비

생물권 biosphere
생물이 생활하고 있는 장소로 심해의 최하부부터 대기권과 토양의 내부를 포함하는
지구의 살아 있는 모든 것으로 인간은 생물권의 일부로 대기권, 수권, 암권의 상호작용
속에 생존하고 있다.

생산량 productivity
생물학적 활동에 의해 유기물이 만들어지는 양

생태계 ecosystem
식물, 동물, 미생물의 생물군과 이들을 둘러싸고 있는 빛, 기후, 토양 등의 비생물 요소
가 서로 밀접한 관계를 맺고 있는 복합체계

수질오염 water pollution
하천, 호수, 지하수, 바다 등의 자연 수역에 인간 활동에 의해 배출된 오염 물질이 섞여
들어가 생물이 살아가기 힘들게 된 상태

스모그 smog
연기(smoke)와 안개(fog)의 합성어로 대도시나 공업지역에서 자동차 배기가스, 공
장 매연에 의한 그을음, 황산화물, 질소산화물 등의 대기오염 물질이 수증기와 섞여 안
개와 같이 보이는 현상

영양 단계 trophic level
생태계에서 물질 순환이나 에너지전환을 단계적으로 설명하기 위한 분류로 태양에너
지를 이용하여 무기물에서 유기물을 합성하여 생활하는 생산자, 생산된 유기물을 직·
간접적으로 소비하는 소비자, 동식물의 사체나 배설물을 분해하여 생산자에게 공급하
는 분해자, 3단계로 구분된다.

영양염류(營養鹽類) nutritive salts
생물이 정상적인 생활을 영위하는 데 필요한 염류로, 식물의 경우 C, H, O는 대기에
서 흡수하고 N, S, P, K, Ca, Mg 등은 물에 녹아 있는 염류로 섭취한다. 경작지에서
는 생산량을 늘리기 위해 N, P, K 등은 비료를 통해 보충하는데, 과도한 비료의 사용

은 수 생태계 부영양화에 영향을 미치기도 한다.

오존층 ozone layer
성층권에서 오존의 양이 많은 20~30km 사이에 해당하는 부분으로 태양으로부터 오는 자외선에 의해 산소 분자가 분해되고 다시 세 개의 산소 원자가 결합해 생성된다. 오존 분자들은 생물에 유해한 태양의 강력한 자외선을 흡수한다.

온실가스 greenhouse gases
대기 속에 존재하면서 지표면에서 복사되는 에너지를 흡수하여 온실효과를 일으키는 기체이다. 자연적인 온실효과를 일으키는 데에는 수증기가 가장 큰 역할을 한다. 지구온난화의 원인이 되는 온실가스는 이산화탄소가 대표적이며, 메탄, 아산화질소, 오존 등이 있다.

유기 염소제 organochloroine agent
염소를 포함하는 유기합성 살충제를 총칭한다. 1938년에 개발된 DDT가 대표적이며 다양한 살충제, 제초제 등이 개발되어 사용되었다. 그러나 잔류 독성 문제로 인간과 생태계에 악영향을 미치면서 세계 각국에서는 사용 제한 및 금지 조치를 취하고 있다.

재생에너지 renewable energy
화석연료와 원자력을 대체할 수 있는 무공해 에너지로 우리나라에서는 태양열, 풍력, 지열, 수소에너지 등 11개 분야로 구분한다.

종 다양성 species diversity
종 수와 개체 수의 관계에서 군집의 복잡성 정도를 나타내며, 다양성이 큰 생태계는 개체 수보다는 종의 종류가 많음을 의미한다. 종 다양성과 종 내 유전적 다양성, 생물 군집 및 생태계의 다양성 등을 종합하여 생물 다양성(biodiversity)이라고 한다.

질소산화물 nitrogen oxide
질소와 산소로 이루어진 화합물로 공기 중에 질소 가스가 분해되어 생성된다. 자동차 엔진 등의 내연기관에서 높은 온도와 압력에 의해 배출되는 주요 대기오염 물질이다.

탁수 turbid water
물에 토양의 미세 점토 입자 등의 부유물이 떠 있어 흐려진 물로 오랫동안 지속되면 수중 생물의 생존에 악영향을 미친다.

화석연료 fossil fuel
땅에 묻힌 동식물이 오랜 시간에 걸쳐 온도와 압력에 의해 변화되어 만들어진 연료로, 석탄, 석유, 천연가스 등이 대표적이다.

황산화물 sulfur oxides
황과 산소와의 화합물을 총칭한다. 주로 황을 포함하고 있는 화석연료가 연소되면서 발생하며 이산화황, 삼산화황은 대표적인 대기오염 물질이다.

CO_2eq. carbon dioxide equivalent
온난화 효과를 평가하는 온실가스 지표 단위. 각 온실가스는 종류에 따라 온난화 유발 효과가 다르다. 이산화탄소의 온난화 유발 효과를 기준으로 하여 각 온실가스에 가중치(온난화 지수)를 부여한 후 총 배출되는 온실가스를 이산화탄소의 양으로 환산한 값을 CO_2eq.라고 한다.

Gg gigagram
10^9g을 나타내는 무게 단위. G(기가)는 10^9을 나타내는 용어로 수학, 물리, 컴퓨터 분야 등에서 주로 쓰인다.

mEq/L milliequivalent per liter
전해질의 화학적 결합력을 비교하기 위한 단위. 수소이온(H^+)과 나트륨이온(Na^+)은 1가 이온으로 각 원소 1개의 결합력은 동일하다. 그런데 나트륨(원자량 23)은 수소(원자량 1)보다 23배 무거운 물질이므로 수소이온 1g이 녹아 있는 물 1L와 나트륨이온 23g이 녹아 있는 물 1L가 같은 화학적 결합력을 가지게 된다. 이처럼 결합 능력을 나타낼 수 있는 농도 단위를 Eq/L라고 한다. 단위에서 m은 10^{-6}을 나타낸다.

ppm part per million
농도 단위. 혼합물 내에서 어떤 물질의 양이 100만 분의 몇을 차지하는가를 나타낼 때 사용한다. 용액 1kg 안에 물질 A가 1mg 함유되어 있는 경우 1ppm이 된다.

TOE Tonne of oil equivalent
에너지 단위. 석유 1톤을 연소할 때 발생하는 에너지로 약 10^7Kcal의 열량을 의미한다.

µg/m³ microgram per cubic meter
농도 단위. 입방미터당 포함된 어떤 물질의 양(µg)을 의미한다. 공기 중에 포함된 고형 물질의 농도를 표현할 때 주로 사용한다.

Ahrens C. D., Essentials of Meteorology, Cengage learning, 2009.

Reay D, Climate change begins at home: life on the two-way street of global warming, Macmillan, 2005. [이한중 옮김,『너무 더운 지구』, 바다출판사, 2007].

Environment Canada, International Comparison of Air Pollutant Emissions, Retrieved from http://www.ec.gc.ca/indicateurs-indicators.

United States Environmental Protection Agency (EPA), Climate Change Indicators in the United States, Retrieved from http://www.epa.gov/climatechange/indicators.

Food and Agriculture Organization of the United Nations (FAO), Review of World Water Resources by Country, Retrieved from http://www.fao.org/docrep/005/y4473e/y4473e08.htm.

Hollander J. M., The real environmental crisis, University of California Press Ltd, 2004.

IPCC, Climate Change 2014: Impacts, Adaptation, and Vulnerability. Contributions of Working Group II to the Fifth Assessment Report, Cambridge University Press, New York, USA, 2014.

Hardy J. T., Climate change: causes, effects, and solutions, John Wiley & Sons, 2003. [이창석 옮김,『기후변화학: 원인, 영향, 그리고 해결』, 라이프사이언스, 2011].

Klimont Z, Smith S. J, Cofala J, The last decade of global anthropogenic sulfur dioxide: 2000 – 2011 emissions, Environmental Research Letters, 8, 2013, 014003 (6pp).

NASA, Earth Observatory, Retrieved from http://earthobservatory.nasa.gov/IOTD/view.php?id=49040.

NASA, Looking at earth, Retrieved from http://www.nasa.gov/topics/earth/features/health-sapping.html.

NOAA, Earth System Research Laboratory, Retrieved from http://www.esrl.noaa.gov/gmd/hats/combined/CFC12.html.

NOAA, Earth System Research Laboratory, Retrieved from http://www.esrl.noaa.gov/gmd/odgi/.

Stiling P. D., Ecology: theories and applications (4th edition), Prentice Hall, USA,

1996.

Tyler G. M. J., Sustaining the Earth: An Integrated Approach (5th edition), Brooks/Cole Publishing, 2001.

Tyler G. M. J., Environmental Science: Working with the Earth, Cengage Learning, 2006.

United Nations Development Program, Human development reports, Retrieved from http://hdr.undp.org/en/content/human-development-report-2006.

United States Environmental Protection Agency, Water Quality, Retrieved from http://water.epa.gov/scitech/climatechange/Water-Quality.cfm.

United States Environmental Protection Agency, Air Trends, Retrieved from http://www.epa.gov/airtrends/pm.html.

WHO and UNEP, Water, health and ecosystem, Retrieved from http://www.who.int/heli/risks/water/water/en/.

Worldometers, Population, Retrieved from http://www.worldometers.info/world-population.

Zheng S, Pozzer A, Cao C. X, Lelieveld J., Long-term (2001–2012) concentrations of fine particulate matter (PM2:5) and the impact on human health in Beijing, China. Atmos. Chem. Phys. 15, 2015, pp.5715~5725.

공우석, 「지구온난화에 취약한 지표식물 선정」, 한국기상학회지 41, 2005, pp.263~273.

곽홍탁, 『21세기를 위한 환경학』, 신광문화사, 2003.

국가통계포털, 광복이전통계, 2015, http:// www.kosis.kr에서 검색.

국립환경과학원, 『대기오염물질배출량(2012년)』, 환경부, 2014.

권오병, 이은주, 박정호, 안태석, 「인공식물섬 조성에 따른 수생태계 변화」, 한국자연보호학회지, 3(1), 2009, pp.29~38.

김남신, 이희천, 「아고산 지역의 구상나무 분포 변화에 관한 연구」, 한국환경복원녹화기술학회지, 16, 2013, pp.49~57.

김동욱, 류재근, 임재명, 『알기 쉬운 환경과학』, 신광출판사, 2007.

김범철, 「녹조현상이란?: 녹조류 아닌 남조류 번성한 것」, 낚시춘추(다락원), 528, 2015, pp.192~193.

김영대, 「파리 기후변화협정, 지구 살리는 마지막 기회?」, 『월간마이더스』, 2016, 1월호, http://www.yonhapmidas.co.kr/article/160104161028_636417 에서 검색.

김종진, 조혜경, 「한라산 구상나무림의 입지환경 특성」, 한국자연보호학회 1, 2007, pp.5~9.

김준호, 『산성비』, 서울대학교출판부, 2007.

김지희, 정호성, 「남극 세종기지 주변에 새로이 정착한 현화식물 남극좀새풀의 개체군 공간분포」, Ocean and Polar Research, 26, 2004, pp.23~32.

김형중, 「자연정화방법을 이용한 수질개선시설의 식물도입 방안」, 한국잡초학회지, 29, 2009,

　　　　pp.89~95.

김희강, 김광렬, 김정배 외,『인간과 환경』, 동화기술, 2000.

문난경,「지구온난화가 국내 대기질에 미치는 영향」, 환경포럼 15, 2010, pp.1~8.

박석환, 곽동희, 이태진, 장관순, 허우명, 신윤근,『환경생태학』, 신광문화사, 2013.

박헌렬,『지구온난화, 그 영향과 예방』, 우용출판사, 2012.

생태편집위원회,『생태계와 기후변화』, 한국생태학회/지오북, 2011.

송국만, 강영제, 현화자, 박정환,「한라산 구상나무림의 식생구조와 치수발생 동태」, 한국산림
　　　　휴양학회 학술발표회 자료집, 2013.

에너지경제연구원,『에너지통계연보』, 산업통상자원부, 2014.

이케다 기요히코 지음, 한석호 옮김,『과학자가 말하는 환경 문제의 진실과 거짓말』, 소와당,
　　　　2011.

전만석,「북한강 상류 농경지 탁수발생 원인·관리대책」, 워터저널, 38, 2007, pp.60~65.

전의찬,『기후변화: 25인의 전문가가 답하다』, 지오북, 2012.

주현수, 이희선, 고은영,『온실가스 감축을 위한 폐기물 관리방안 연구』, 한국환경정책평가연
　　　　구원, 2010.

최재천, 최용상,『기후변화 교과서』, 도요새, 2011.

통계청,『인구대사전』, 일신사, 2006.

통계청, http://kosis.kr/statHtml/statHtml.do?orgId=101&tblId=DT_1IN0001_ENG&vw_
　　　　cd=MT_ZTITLE&list_id=A111&seqNo=&lang_mode=ko&language=kor&obj_var_
　　　　id=&itm_id=&conn_path=K2#에서 검색

환경부,『국가온실가스 인벤토리 보고서』, 2014.

환경부,『환경통계연감』, 2014.